财智睿读

解码绿电：

让零碳更经济

刘昊 胡江 ◎ 主编

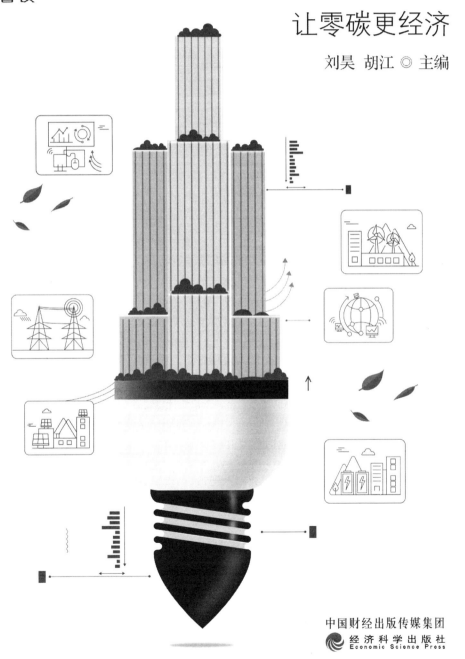

中国财经出版传媒集团

经济科学出版社
Economic Science Press

图书在版编目（CIP）数据

解码绿电：让零碳更经济/刘昊，胡江主编 . -- 北京：经济科学出版社，2022.11

ISBN 978 - 7 - 5218 - 4192 - 3

Ⅰ.①解…　Ⅱ.①刘…②胡…　Ⅲ.①再生能源 - 能源利用 - 研究 - 中国　Ⅳ.①F426.2

中国版本图书馆 CIP 数据核字（2022）第 205628 号

责任编辑：于　源　姜思伊
责任校对：王京宁
责任印制：范　艳

解码绿电：让零碳更经济

刘　昊　胡　江　主编

经济科学出版社出版、发行　新华书店经销
社址：北京市海淀区阜成路甲 28 号　邮编：100142
总编部电话：010 - 88191217　发行部电话：010 - 88191522
网址：www. esp. com. cn
电子邮箱：esp@ esp. com. cn
天猫网店：经济科学出版社旗舰店
网址：http://jjkxcbs. tmall. com
北京密兴印刷有限公司印装
710 × 1000　16 开　12.25 印张　130000 字
2023 年 3 月第 1 版　2023 年 3 月第 1 次印刷
ISBN 978 - 7 - 5218 - 4192 - 3　定价：30.00 元
（图书出现印装问题，本社负责调换。电话：010 - 88191510）
（版权所有　侵权必究　打击盗版　举报热线：010 - 88191661
QQ：2242791300　营销中心电话：010 - 88191537
电子邮箱：dbts@ esp. com. cn）

图书编委会

序

2020 年 9 月，习近平在联合国大会上宣布，中国的二氧化碳排放力争于 2030 年前达到峰值，努力争取在 2060 年前实现碳中和。这一承诺体现了中国在环境保护和应对气候变化问题上的负责任大国作用和担当。[①] "3060" 双碳目标已成为我国未来社会经济和能源发展的重大战略，而可再生能源发展和绿色电力广泛应用将是实现这一目标的重要途径。

在这样的背景下，指导全国广大工商业企业提升绿色电力采购规模，规划合理的采购渠道获得更经济的绿色电力已成为社会各行业关注的热点方向。虽然企业对绿色电力需求日益旺盛，但因为绿电对于全社会还属于全新概念，相关政策规则复杂，而且在不断变化，如何选择最适宜的绿电采购模式依然是众多企业的难点和痛点。目前行业内还没有一本系统性介绍绿电采购相关政策和实践的专著。面对一系列的绿电市场问题，本书梳理了绿色电力采购的相关内容为行业提供参考，全书分

---

① 中央党史和文献研究院等. 中国共产党简史［M］. 北京：人民出版社、中共党史出版社.

为三个部分：

开篇"绿电的前世今生"包括第1~3章，概述绿电相关政策体系。前两章分别介绍我国电力体制、可再生能源发展的背景和政策架构。第3章介绍绿电采购国际标准和主要路径。

中篇"绿电的实践路径"包括第4~9章，详细介绍目前国内绿电采购的主要方式。第4章介绍分布式可再生能源自发自用的商业模式。第5~7章分别介绍市场化交易绿电的各省政策差异和交易流程。针对当前市场关注的绿色电力证书，以及绿电和碳市场结合问题分别在第8和第9章进行了论述。

末篇"绿电的身边故事"包括第10和第11两个章节。第10章通过8个企业采购绿电的典型案例对比了几种不同绿电采购模式的实践路径。第11章从售电公司的角度，介绍未来参与绿电交易的挑战和机会。

全书可以帮助读者概览绿色电力的前世今生，手把手指导企业对比几种绿电方式的适用场景，参考相关案例实现各企业自身的绿电采购目标，为国家的双碳战略作出贡献。

谭天伟

中国工程院院士

中国可再生能源学会理事长

我们需要可持续的绿电交易市场

　　绿电交易市场兴起，《解码绿电：让零碳更经济》来得正是时候，期望这本"手册"能给正在进行中绿电交易提供积极且有效的帮助，促进绿电买卖的兴旺发达。

　　我们为什么需要绿电交易？其实道理很明确：在全球应对气候变化挑战的大背景下，绿电交易是我国实现"双碳"目标的重要抓手。也正因此，2021 年 8 月国家发改委、国家能源局正式批复《绿色电力交易试点工作方案》，要求绿色电力交易的时段划分、曲线形成等具体方式与其他中长期合同有效衔接，优先执行和结算，并赋予市场主体自主交易的权利和责任。

　　随后的首次试点交易，达成交易电量 79.35 亿千瓦时，实现平均环境溢价 3～5 分/kWh，体现了清洁电力的环境价值。[①]但是绿电交易转入常态化运营之后，市场主体参与度不高，绿电交易并没有想象的那样活跃。这也不难理解为什么 2022 年初国家发改委等七部门联合印发《促进绿色消费实施方案》，强调

---

　　① 朱恰，周妍，伍梦尧. 绿色电力交易试点正式启动！首次交易电量 79.35 亿千瓦时 [N]. 中国电力报，2021-09-08.

统筹推动绿色电力交易，进一步激发全社会绿色电力消费潜力。

作为创新的电力交易品种，国网和南网均出台了绿电交易规则，这表明绿电交易有了"操作手册"，但是环境溢价如何确定、跨省区交易如何开展仍是待完善的关键问题。

值得注意的是，从价格看，绿电交易中的电能量价格应由中长期市场的供需决定，有涨有跌；而环境价值应与其他环境权益市场的价格信号实现有效的传导，成为一个相对稳定的正值。从需求看，工业经济实力较强、出口行业密集的东部地区更需要绿电，而更丰富的供方则主要聚集在"三北"地区，省间交易约束条件增大了省间交易的难度。

所以，我赞同有些专家的建议，比如绿电交易与可再生能源消纳保障机制相协调、与全国统一电力市场体系相配套、与其他环境权益市场相衔接、与能源消费新模式新业态相融合，这样才会有助于绿电交易市场的可持续发展。

另外，实现绿电市场的可持续发展，必须大力促进绿电消费，可将绿电消费体现在碳排放核算中，消费者在使用绿电以后到底减排了多少碳，有量可查，这需要尽快出台相关标准。同时，要加大绿电供给，加快落实国家能源局等三部门发布的《加快农村能源转型发展助力乡村振兴的实施意见》，在全国推动"百千万"碳中和示范工程，唤醒广大乡村地区沉睡的新能源潜力，让更多绿电汇入绿电的海洋。

秦海岩

中国可再生能源学会风能专委会秘书长

世界风能协会副主席

目 录
CONTENTS

开篇：绿电的背景

中篇：绿电的实践路径

开篇

绿电的背景

第1章

中国电力体制背景

1882 年 7 月 26 日，上海第一台 12 千瓦机组发电。共有 15 盏弧光电灯在上海外滩 6.4 公里长的供电线上被点亮，同时点亮的还有中国的电力时代，它是中国电力历史上的第一套发输配用体系。中国第一家发电公司——上海电气公司比英国的电厂晚建 6 个月，比圣彼得堡电厂早 1 年，比日本早 5 年，中国电力行业 140 年的发展历史从此拉开了帷幕。

2022 年 1 月 29 日国家发改委、国家能源局印发《"十四五"现代能源体系规划》，提出"十三五"以来我国发电装机容量达到 22 亿千瓦，西电东送能力达到 2.7 亿千瓦的目标。规划中提出应力争在 2030 年前实现碳达峰、2060 年前实现碳中和，必须协同推进能源低碳转型与供给保障，加快能源系统调整以适应新能源大规模发展，推动形成绿色发展方式和生活方式，为我国"十四五"期间电力行业的发展给出了清晰的目标、方向和重点。①

2021 年 3 月，习近平总书记在中央财经委员会第九次会议上，首次提出构建以新能源为主体的新型电力系统的要求，让可再生能源在我国新时代电力行业发展中获得了新的定位。② 电力行业已成为保障我国经济社会发展、民生用能需求和绿色低碳战略转型的重要领域，而绿色电力也将逐步走到电力行业舞台的中央。

在开启全书绿色电力篇章之前，故事先从传说中的"电改 9 号文"讲起。

1.1　新一轮电力市场改革

2002 年，我国启动了首轮电力体制改革，《国务院关于印发电力体制改革方案的通知》要求在具备条件的地区，开展发电企业向较高电压等级或较大用电量的用户和配电网直接供电的试点工作。2004 年 3 月，国家电力监管委员会、国家发展改革委发布《电力用户向发电企业直接购电试点暂行办法》，明确参加试点的大用户与发电企业自主协商购电价格与结算方

---

① 国家发展和改革委员会．"十四五"现代能源体系规划［R/OL］.（2022 - 3 - 22）. https：//www. ndrc. gov. cn/xxgk/zcfb/ghwb/202203/t20220322_1320016. html? state = 123&code = &state = 123.

② 国家发展改革委员会．完善储能成本补偿机制助力构建以新能源为主体的新型电力系统［N］. 新华网，2022 - 04 - 15.

法，大用户向发电企业直接购电在全国范围内逐步推行。此后十余年间，直接购电的范围和交易规模不断扩大，许多省（自治区、直辖市）组织开展了电力用户与发电企业直接交易的试点。

2015 年 3 月，中共中央国务院发布《关于进一步深化电力体制改革的若干意见》，开启了我国新一轮电力体制改革，解决制约电力行业发展的突出问题和深层次问题。2015 年 11 月，国家发改委、国家能源局发布六项电力体制改革配套文件，其中《关于推进电力市场建设的实施意见》提出，逐步建立以中长期交易规避风险，以现货市场发现价格，交易品种齐全、功能完善的电力市场，在全国范围内逐步形成竞争充分、开放有序、健康发展的市场体系，标志着中国电力市场向着成熟的市场化方向迈进。

2016 年 3 月，北京电力交易中心和广州电力交易中心挂牌成立，组织跨区域电力中长期交易，实现全国范围内的资源优化配置，全国各省份均组建了区域电力交易中心，负责组织和提供区域内的电力市场交易服务。2015 年 12 月，国家发展改革委、国家能源局制定《电力中长期交易基本规则》，在电力中长期交易的品种、方式、周期、价格机制、计量结算、合同偏差处理等方面进行了规范，各省（自治区、直辖市）在此基础上制定了当地的交易实施细则。

1.1.1　电价市场化定价机制改革

长期以来，我国电力定价采取的是政府主导的标杆电价机制。这种机制也导致电价调整滞后于成本变化，难以及时、合理反映市场供需状况，以及资源稀缺程度和环境效益价值的问题。2019年10月，国家发改委发布《关于深化燃煤发电上网电价形成机制改革的指导意见》，开始加快推进竞争性环节电力价格市场化改革。由原来的煤电标杆上网电价改为"基准价+上下浮动"的市场化价格机制。2021年10月，国家发改委发布《关于进一步深化燃煤发电上网电价市场化改革的通知》，要求燃煤发电电量原则上全部进入电力市场，要求有序推动工商业用户全部进入电力市场，按照市场价格购电，取消工商业目录销售电价。对暂未直接从电力市场购电的用户由电网企业代理购电，并适应工商业用户全部进入电力市场的需要，进一步放开各类电源的发电计划。

与此同时，输配电价改革进一步加快，2014年输配电价改革首先在深圳和蒙西电网进行试点，于2016年实现全国省级电网全覆盖，2017年6月首轮省级输配电价改革全面完成，为推进电力直接交易和其他市场化改革奠定了基础。2020年9月，国家发改委制定出台了区域电网和省级电网第二监管周期的输配电价，以"准许成本加合理收益"为主要原则的输配电价监管体系基本完善。①

---

① 中华人民共和国发展和改革委员会［R/OL］．（2020－10）．https：//www. ndrc. gov. cn/xwdt/xwfb/202009/t20200930_1241310. html?code＝&state＝123.

1.1.2 配售电业务开放市场竞争

2016 年 10 月，国家发改委、国家能源局制定《售电公司准入与退出管理办法》，向社会资本开放售电业务。售电公司成为此轮电力体制改革孕育的新兴市场主体，为电力用户提供专业的购电服务。此外，国家能源主管部门公布多批增量配电业务试点，为社会资本投资、运营增量配电网探索经验。

1.1.3 有序放开发用电计划

在有序放开发用电计划方面，逐步放开符合条件的用户进入市场交易。在 2018 年放开煤炭、钢铁、有色、建材四个行业发用电计划、全电量参与交易的基础上，于 2019 年全面放开经营性电力用户发用电计划。

新一轮电力体制改革以来，一系列相关政策和机制陆续出台，电力市场化交易规则、品种和方式不断完善。在发电侧引入竞争，促进发电企业提质增效，在售电侧向社会资本开放，赋予了电力用户对于电力消费途径的选择权。在此背景下，以风电、太阳能光伏发电为代表的可再生能源也通过电力直接交易、合同电量转让交易等方式进入市场。

1.2 2021 年中国发电数据

截至 2021 年底，全国发电装机容量约 23.8 亿千瓦，同比增长 7.9%。其中，火电发电装机容量为 129678 万千瓦；水电发电装机容量为 39092 万千瓦；核电发电装机容量为 5326 万千瓦；风电发电装机容量为 32848 万千瓦，同比增长 16.6%；太阳能发电装机容量为 30656 万千瓦，同比增长 20.9%。①

1.3 2021 年中国电力消费数据

2021 年全国全社会用电量 83128 亿千瓦时（见图 1-1），同比增长 10.3%，两年平均增长 7.1%。分产业看第一产业用电量 1023 亿千瓦时，同比增长 16.4%；第二产业用电量 56131 亿千瓦时，同比增长 9.1%；第三产业用电量 14231 亿千瓦时，同比增长 17.8%；城乡居民生活用电量 11743 亿千瓦时，同比增长 7.3%。②

---

① 国家能源局. 2021 年全国电力工业统计数据［EB/OL］.（2022-1）. http：//www. nea. gov. cn/2022-01/26/c_1310441589. htm.

② 国家发展和改革委员会. 关于印发《促进绿色消费实施方案》的通知［R/OL］.（2022-1）. http：//www. gov. cn/zhengce/zhengceku/2022-01/21/content_5669785. htm.

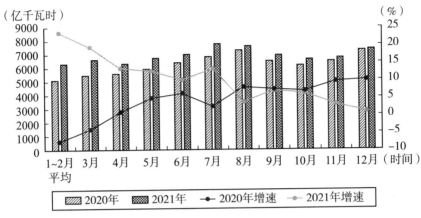

图 1 - 1　2020 年、2021 年分月全社会用电量及其增速

1.4　2021 年中国电力市场数据

　　2021 年全国各电力交易中心累计组织完成市场交易电量 37787.4 亿千瓦时，同比增长 19.3%，占全社会用电量比重为 45.5%，同比提高 3.3 个百分点。其中中长期电力直接交易电量合计为 30404.6 亿千瓦时，同比增长 22.8%。①

　　省内交易电量（仅中长期）合计为 30760.3 亿千瓦时，其中电力直接交易 28514.5 亿千瓦时、绿色电力交易 6.3 亿千瓦时、发电权交易 2038.8 亿千瓦时、抽水蓄能交易 117.6 亿千瓦时、其他交易 83 亿千瓦时。省间交易电量（中长期和现货）合计为 7027.1 亿千瓦时，其中省间电力直接交易 1890.1

---

　　①　中电联规划发展部 . 2021 年全国电力市场交易简况 ［EB/OL］. (2022 - 1). https：//cec. org. cn/detail/index. html?3 - 306005.

亿千瓦时、省间外送交易 5037.5 亿千瓦时、发电权交易 99.5 亿千瓦时。①

1.5　2021～2022 年电力行业重点政策

1.5.1　《关于进一步深化燃煤发电上网电价市场化改革的通知》

2021 年 10 月，国家发改委印发了《关于进一步深化燃煤发电上网电价市场化改革的通知》（以下简称《通知》)②，《通知》中提出明确有序放开全部燃煤发电电量上网电价，推动工商业用户都进入市场，标志着电价改革在市场化方向上迈出关键一步。这将进一步提升电力市场化交易规模和交易水平，形成能够有效反映电力供求变化、体现煤电功能作用的价格信号，加快确立市场在电力资源配置中的决定性作用，对协同推进电力体制改革，推动煤炭、电力上下游行业协调发展，保障能源安全发挥重要作用，重点包括以下三项内容：

---

① 中国电力报. 电价改革/绿电交易/统一电力市场——2021 年电力市场述评及 2022 年展望 ［EB/OL］.（2022－2）. https：//news. bjx. com. cn/html/20220217/1204725. shtml.

② 国家发展和改革委员会. 关于进一步深化燃煤上网电价市场化改革的通知 ［R/OL］.（2021－10）. https：//www. ndrc. gov. cn/xxgk/zcfb/tz/202110/t20211012_1299461. html?code＝&state＝123.

1.5.1.1　有序放开全部燃煤发电电量上网电价

自 2019 年标杆上网电价机制改为"基准价 + 上下浮动"的价格机制以来，煤电企业市场化意识大幅提升，电力市场交易规模快速增长。《通知》中进一步提出煤电原则上全部电量进入市场，通过市场交易在"基准价 + 上下浮动"范围内形成上网电价，标志着煤电在各类电源中率先实现了电量、电价形成机制完全市场化，通过市场化方式切实保障电力供应。

1.5.1.2　扩大市场交易电量电价上下浮动范围

《通知》将燃煤发电交易价格浮动范围由"上浮不超过10%、下浮原则上不超过 15%"扩大至上下浮动原则上均不超过 20%，进一步打开了价格波动空间，有利于充分发挥市场机制作用，为体现市场主体交易意愿、发现不同供需条件下电力产品真实价值创造了条件。

1.5.1.3　推动工商业用户全部进入市场

《通知》要求各地有序推动尚未进入市场的工商业用户全部进入电力市场，并同步取消目录销售电价。对进入市场未参与交易的用户，由电网企业代理购电，价格通过集中竞价或竞争性招标方式形成。对退出市场交易的用户，执行 1.5 倍代理购电价格。这些措施将有力解决当前用户侧放而不开、用户退市成本低、价格信号传导不畅等关键问题，同时又提供了平稳过渡和兜底保障机制，有助于引导优化电力消费行为。

1.5.2 碳达峰碳中和"1+N"政策体系

2021 年 10 月 24 日，中共中央、国务院于印发《关于完整准确全面贯彻新发展理念做好碳达峰碳中和工作的意见》[①]（以下简称《意见》）。随后《2030 年前碳达峰行动方案》[②]（以下简称《方案》）相继出台，进一步深入和明确了我国落实 2030 年碳达峰目标的重点任务和主要指标。

《意见》作为碳达峰碳中和"1+N"政策体系中的"1"，对碳达峰碳中和这项重大工作进行了系统谋划、总体部署。而《方案》作为我国保证实现 2030 年碳达峰目标的行动和操作指南，是对《意见》内容的进一步深化和落实。需要注意的是，《意见》内容涵盖了"碳达峰"和"碳中和"两个不同的阶段，而《方案》主要针对的是碳达峰阶段，也就是到 2030 年的重点任务和目标。《意见》是"双碳"工作总政策纲领，《方案》是落实《意见》中关于实现碳达峰目标的具体行动措施。

作为"1+N"双碳政策体系的核心文件，《意见》就经济社会发展全面绿色转型、产业结构、清洁低碳安全高效能源体

---

① 中央人民政府. 关于完整准确全面贯彻新发展理念做好碳达峰碳中和工作的意见［R/OL］.（2021 – 9）. http：//www. gov. cn/zhengce/2021 – 10/24/content_5644613. htm.

② 国务院. 关于印发 2030 年前碳达峰行动方案的通知［R/OL］.（2021 – 10）. http：//www. gov. cn/xinwen/2021 – 10/26/content_5645001. htm.

系、低碳交通、城乡建设低碳发展、低碳科技技术科技攻关、碳汇能力提升、对外开放绿色低碳发展、法律法规标准和统计监测体系、完善政策机制 10 个方面提出了 31 条措施。

《意见》提出了明确的碳达峰宏观任务：到 2025 年，单位 GDP（国内生产总值）能耗比 2020 年下降 13.5%，单位 GDP 二氧化碳排放比 2020 年下降 18%，非化石能源消费比重达到 20% 左右。到 2030 年，单位国内生产总值二氧化碳排放比 2005 年下降 65% 以上，非化石能源消费比重达到 25% 左右，风电、太阳能发电总装机容量达到 12 亿千瓦以上，二氧化碳排放量达到峰值并实现稳中有降。

"1+N"政策体系的确立，标志着双碳工作最高顶层设计的正式出台。《意见》坚持系统观念，处理好发展和减排、整体和局部、短期和中长期的关系，把碳达峰、碳中和纳入经济社会发展全局，以经济社会发展全面绿色转型为引领，以能源绿色低碳发展为关键，坚定不移走生态优先、绿色低碳的高质量发展道路，确保我国如期实现碳达峰、碳中和。

1.5.3 《关于做好全国碳排放权交易市场第一个履约周期碳排放配额清缴工作的通知》

2021 年 10 月 26 日，生态环境部发布《关于做好全国碳排放权交易市场第一个履约周期碳排放配额清缴工作的通知》。其中与可再生能源及绿色电力高度相关的内容为"明确了全国碳市场第一个履约期，控排企业使用配额和 CCER（国家核证自愿减排量）履约的相关事项"。同时明确了CCER与全国碳市场衔接，存量CCER资产处置，CCER抵销配额清缴的比例等具体内容。

当前针对发电企业的配额分配原则为：配额实行全部免费分配，并采用基准法核算控排企业机组的配额量，即机组获得的配额量为实际供电、供热量乘以供电、供热碳排放基准值。根据国家发布的数据，大部分电厂的排放强度低于基准值，发电行业的配额分配相对宽松，全国发电企业配额盈余较大。

对于使用CCER抵销配额清缴条件，需满足抵销比例不超过应清缴碳排放配额的5%，且不得来自纳入全国碳市场配额管理的减排项目。2017年3月前，我国签发的CCER资产在5000万~6000万吨，主要包括水电、风电、甲烷利用等类型。CCER资产进入碳市场的抵销比例虽然有限，但是对于体现碳减排项目环境价值，传递价格信号作用明显，受到新能源、分布式能源、林业碳汇等广大相关方密切关注。

1.5.4 《促进绿色消费实施方案》

2022年1月21日，国家发改委等七部委联合印发了《促进绿色消费实施方案》①（以下简称《实施方案》），国家通过

---

① 国家发展和改革委员会. 关于印发《促进绿色消费实施方案》的通知 [R/OL]. (2022-1). http://www.gov.cn/zhengce/zhengceku/2022-01/21/content_5669785.htm.

推动建立绿色电力消费体系，将对绿色能源变革产生重要的驱动作用。

《实施方案》强调，要大力发展绿色消费，扩大绿色低碳产品供给和消费，完善有利于促进绿色消费的制度政策体系和体制机制。具体有以下几个方面：一是提出衣食住行各领域绿色消费重点任务。二是强化绿色消费科技和服务支撑。三是建立健全绿色消费制度保障体系。四是完善绿色消费激励约束政策。增强财政支持精准性，加大金融支持力度，充分发挥价格机制作用，推广更多市场化激励措施，鼓励绿色电力消费。

1.5.4.1　落实中央经济会议关于能耗"双控"调整的要求

新增可再生能源和原料用能不纳入能源消费总量控制要求，统筹推动绿色电力交易、绿证交易。加强与碳排放权交易的衔接，结合全国碳市场相关行业核算报告技术规范的修订完善，研究在排放量核算中将绿色电力相关碳排放量予以扣减的可行性。

1.5.4.2　建立完善绿电（绿证）消费市场机制

引导用户签订绿色电力交易合同，并在中长期交易合同中单列。各地应组织电网企业定期梳理、公布本地绿色电力时段分布，有序引导用户更多消费绿色电力。建立绿色电力交易与可再生能源消纳责任权重挂钩机制，市场化用户通过购买绿色电力或绿证完成可再生能源消纳责任权重。

1.5.4.3 对用户出台绿电消费差异化激励措施

鼓励行业龙头企业、大型国有企业、跨国公司等消费绿色电力，发挥示范带动作用，推动外向型企业较多、经济承受能力较强的地区逐步提升绿色电力消费比例。加强高耗能企业使用绿色电力的刚性约束，各地可根据实际情况制定高耗能企业电力消费中绿色电力最低占比。在电网保供能力许可的范围内，对消费绿色电力比例较高的用户在实施需求侧管理时优先保障。持续推动智能光伏创新发展，大力推广建筑光伏应用，加快提升居民绿色电力消费占比。

1.5.5 《"十四五"现代能源体系规划》

2022 年 3 月 22 日，国家发改委、国家能源局发布《"十四五"现代能源体系规划》（以下简称《规划》），加快构建现代能源体系，保障国家能源安全，力争如期实现碳达峰、碳中和，推动实现经济社会高质量发展。《规划》主要阐明我国能源发展方针、主要目标和任务举措，是"十四五"时期加快构建现代能源体系、推动能源高质量发展的总体蓝图和行动纲领，其中与电力新能源发展相关内容总结如下：

1.5.5.1 提出"十四五"整体发展目标

能源保障更加安全有力。到 2025 年，国内能源年综合生产能力达到 46 亿吨标准煤以上，原油年产量回升并稳定在 2

亿吨水平，天然气年产量达到 2300 亿立方米以上，发电装机总容量达到约 30 亿千瓦，能源储备体系更加完善，能源自主供给能力进一步增强。重点城市、核心区域、重要用户电力应急安全保障能力明显提升。

能源低碳转型成效显著。单位 GDP 二氧化碳排放五年累计下降 18%。到 2025 年，非化石能源消费比重提高到 20% 左右，非化石能源发电量比重达到 39% 左右，电气化水平持续提升，电能占终端用能比重达到 30% 左右。

能源系统效率大幅提高。节能降耗成效显著，单位 GDP 能耗五年累计下降 13.5%。能源资源配置更加合理，就近高效开发利用规模进一步扩大，输配效率明显提升。电力协调运行能力不断加强，预计到 2025 年，灵活调节电源占比达到 24% 左右，电力需求侧响应能力达到最大用电负荷的 3%~5%。

1.5.5.2 大力发展非化石能源

一是推动煤炭和新能源优化组合，加强煤炭安全托底保障，发挥煤电支撑性调节性作用。二是加快发展风电、太阳能发电。全面推进风电和太阳能发电大规模开发和高质量发展，优先就地就近开发利用。有序推进风电和光伏发电集中式开发，加快推进以沙漠、戈壁、荒漠地区为重点的大型风电光伏基地项目建设。鼓励建设海上风电基地，推进海上风电向深水远岸区域布局。积极发展太阳能热发电。三是因地制宜开发水电，到 2025 年，常规水电装机达到 3.8 亿千瓦（"十四五"期间新增 4000 万千瓦）。四是积极安全有序发展核电，到

2025 年，核电运行装机容量达到 7000 万千瓦左右（"十四五"期间新增 2000 万千瓦）。五是因地制宜发展其他可再生能源。推进生物质能多元化利用，稳步发展城镇生活垃圾焚烧发电，有序发展农林生物质发电和沼气发电，因地制宜发展生物质能清洁供暖等。

1.5.5.3 推动构建新型电力系统

推动构建新型电力系统具体有以下几点要求：

一是推动电力系统向适应大规模高比例新能源方向演进。加大力度规划建设以大型风光电基地为基础、以其周边清洁高效先进节能的煤电为支撑、以稳定安全可靠的特高压输变电线路为载体的新能源供给消纳体系。二是创新电网结构形态和运行模式。加快配电网改造升级，推动智能配电网、主动配电网建设，提高配电网接纳新能源和多元化负荷的承载力和灵活性。科学推进新能源电力跨省跨区输送，稳步推广柔性直流输电，优化输电曲线和价格机制，加强送受端电网协同调峰运行，提高全网消纳新能源能力。三是增强电源协调优化运行能力。提高风电和光伏发电功率预测水平，全面实施煤电机组灵活性改造，因地制宜建设天然气调峰电站和发展储热型太阳能热发电，加快推进抽水蓄能电站建设。四是加快新型储能技术规模化应用。大力推进电源侧储能发展，合理配置储能规模。优化布局电网侧储能。五是大力提升电力负荷弹性。力争到 2025 年，电力需求侧响应能力达到最大负荷的 3% ~ 5%。

1.5.6　《关于加快建设全国统一电力市场体系的指导意见》

2022 年 4 月，国家发改委、国家能源局发布的《关于加快建设全国统一电力市场体系的指导意见》（以下简称《指导意见》），明确提出了我国统一电力市场体系的总体目标，到 2025 年初步形成有利于新能源、储能等发展的市场交易和价格机制，到 2030 年基本建成全国统一电力市场体系。

为体现电力资源的灵活性价值，《指导意见》在部署电力中长期市场建设和电力现货市场建设的同时，将完善电力辅助服务市场、培育多元竞争的市场主体作为统一电力市场体系的重要内容。为体现绿色电力的环保价值，《指导意见》还提出开展绿色电力交易试点，以市场化方式发现绿色电力的环境价值，做好绿色电力交易与绿证交易、碳排放权交易的有效衔接。

《指导意见》中提出加快形成统一开放、竞争有序、安全高效、治理完善的电力市场体系目标，统一交易规则和技术标准是电力市场体系的基本骨架，通过不同层次市场间的高效协同、有机衔接破除市场壁垒，在确保电力系统安全可靠的前提下，以保障电力公共服务供给和居民、农业等用电价格相对稳定为边界，在煤电价格市场化形成机制、电价传导机制和基本公共服务供给的配合下，形成多元竞争的电力市场格局。在工作原则中，《指导意见》强调问题导向、积极稳妥、因地制宜、科学合理、统筹兼顾，为顶层设计落实落地提供了灵活处置、合理发挥的空间。此外，《指导文件》的核心关键词"多层次统一电力市场体系"奠定了我国统一电力市场体系建设的总基调。

第2章

中国可再生能源政策体系

近十余年来，在我国电力行业快速发展的同时，可再生能源也保持了高速增长，在一次能源中占比不断提升，总装机容量排名已经成为世界第一。截至 2021 年底非水可再生能源发电累计装机量占比已近30％，风电发电装机容量为 32848 万千瓦，同比增长 16.6％；太阳能发电装机容量为 30656 万千瓦，同比增长 20.9％。

2.1 中国可再生能源发展现状
与 "十四五" 规划

自 2005 年《中华人民共和国可再生能源法》颁布以来，中国可再生能源行业保持发展，不断优化我国能源结构，加速能源绿色低碳转型。截至 2021 年底，全国发电装机容量约

23.8 亿千瓦，同比增长 7.9%，其中水电发电装机容量为 39092 万千瓦；同比增长 16.6%；太阳能发电装机容量为 30656 万千瓦，同比增长 20.9%，非水可再生能源继续保持快速增长势头，如图 2-1 所示。

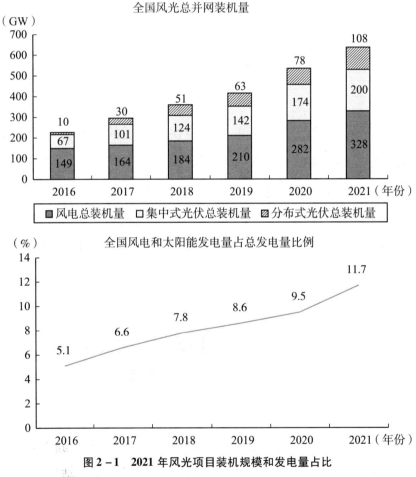

图 2-1　2021 年风光项目装机规模和发电量占比

资料来源：企业绿色电力采购机制中国市场年度报告。

"十四五"期间，中央和地方政府将出台更多支持政策以推动可再生能源的进一步健康发展，主要集中在出台"十四五"新能源相关产业规划、促进可再生能源配套储能以及推动可再生能源消纳与市场化采购三个方面。

2.1.1　各省份"十四五"新能源规划相继出台

2020年4月，国家能源局在《关于做好可再生能源发展"十四五"规划编制工作有关事项的通知》中提出，"十四五"是推动能源转型和绿色发展的重要窗口期。明确了可再生能源发展的规划重点，包括优先开发当地分散式和分布式可再生能源资源，大力推进分布式可再生电力等在用户侧直接就近利用，结合储能、氢能等新技术，提升可再生能源在区域能源供应中的比重等。

2021年初，省级"十四五"能源规划陆续出台，其中，西藏、陕西、甘肃等西北省份将重点布局风光储等新能源；广东、浙江、江西、云南等南方省份将着重发展风电、光伏等新能源；浙江、江苏、山东、江西等地将大力推广"光伏+"模式。

各省份"十四五"新能源装机规划内容如表2-1所示。

表 2 - 1　　　　　主要省份的"十四五"新能源装机规划内容

省份	新能源装机规划内容
黑龙江	到 2025 年可再生能源装机达到 3000 万千瓦，占总装机比例 50% 以上，风电新增装机 1000 万千瓦，光伏新增装机 550 万千瓦
陕西	按照风光火储一体化和源网荷储一体化开发模式，优化各类电源规模配比，扩大电力外送规模。到 2025 年，电力总装机超过 13600 万千瓦，其中可再生能源装机 6500 万千瓦
甘肃	到 2025 年，全省风光电装机达到 5000 万千瓦以上，可再生能源装机占电源总装机比例接近 65%，非化石能源占一次能源消费比重超过 30%，外送电新能源占比达到 30% 以上
浙江	大力发展生态友好型非水可再生能源，实施"风光倍增工程"。到 2025 年，力争全省光伏装机容量达到 2800 万千瓦，力争全省风电装机容量达到 630 万千瓦，其中海上风电 500 万千瓦
江西	积极稳妥发展光伏、风电、生物质能等新能源，力争装机量达到年风电、光伏、生物质装机分别达到 700 万千瓦、1100 万千瓦、100 万千瓦以上。1900 万千瓦以上。全省发电装机容量力争达到 7000 万千瓦
贵州	到 2025 年，发电装机突破 1 亿千瓦，发电量超过 3000 亿千瓦时，清洁高效电力产业产值超过 2000 亿元。到 2025 年，非化石能源占一次能源消费比重达到 17.4%
云南	到 2025 年，全省电力装机达到 1.3 亿千瓦左右，绿色电源装机比重达到 86% 以上。在具体项目方面，"十四五"期间，云南将规划建设 31 个新能源基地，装机规模为 1090 万千瓦，建设金沙江下游、澜沧江中下游、红河流域风光水储一体化基地以及风光火储一体化示范项目新能源装机共 1500 万千瓦
江苏	大力发展海上风电和"光伏 +"产业。到 2025 年，全省光伏发电装机达到 26 吉瓦。其中，分布式与集中式分别达到 12 吉瓦、14 吉瓦
西藏	加快推进"光伏 + 储能"研究和试点，大力推动"水风光互补"，到 2025 年光伏装机容量突破 10 吉瓦

续表

省份	新能源装机规划内容
甘肃	酒泉市加快建设风光水火核多能互补、源网氢储为一体的绿色能源体系,主攻千万千瓦级风电、光伏光热、电网升级、调峰电源、储能装置等八类工程。力争新增电力装机 20 吉瓦以上,建成千亿元级规模的清洁能源产业链
广东	到 2025 年,新能源发电装机规模约 10250 万千瓦,其中核电装机约 1850 万千瓦,风电、光伏和生物质发电装机约 42 吉瓦。制氢规模约 8 万吨,氢燃料电池约 500 万千瓦,储能规模约 200 万千瓦;全省新能源产业营业收入达到 7300 亿元,新能源产业增加值达到 1800 亿元
四川	"三州一市"光伏基地"十四五"规划总装机容量预计 20 吉瓦,新能源产业增加值达到 1800 亿元
山西	全力培育光伏、智能网联新能源汽车等潜力型新兴产业,打造一批全国重要的新兴产业制造基地。深化能源革命综合改革,巩固电力外送基地国家定位,加快外送通道建设,提升跨区域配置电力资源能力
河北	建设张家口国家可再生能源示范区、国家级氢能产业示范城市,构建综合能源体系,加快清洁能源设施建设,推进坚强智能安全电网建设。"十四五"新增光伏将超过 22 吉瓦
青海	支持建立动力电池、光伏组件等综合利用和无害化处置系统,发展光伏、风电、光热、地热等新能源。建设多能互补清洁能源示范基地,促进更多实现就地近消纳转化。发展储能产业,贯通新能源装备制造全产业链
山东	在"十四五"期间,新增光伏发电 1300 万千瓦,2021 年山东新增可再生能源发电装机将达到 409 万千瓦以上
内蒙古	推进风光等可再生能源高比例发展,壮大绿氢经济,推进大规模储能示范应用,打造风光氢储产业集群。"十四五"期间,新能源项目新增并网规模达到 5000 万千瓦以上。到"十四五"末,自治区可再生能源发电装机力争超过 1 亿千瓦

资料来源:各省份"十四五"能源发展规划。

根据彭博新能源财经（BNEF）《中国加速脱碳》报告预测，在加速脱碳情景下，2050年预计中国非化石电量将占总电量的92%，其中可再生能源电量占总电量的84%。另外，根据其他主流机构的预测，到2035年非化石发电量占比53%~61%。为了实现以上目标，"十四五"期间中央和地方政府将出台更多支持政策以推动可再生能源的健康发展。近期政策主要集中在出台"十四五"新能源相关产业规划、促进可再生能源配套储能以及推动可再生能源消纳与市场化采购等方面。

2.1.2　政策推动可再生能源消纳与市场化采购

长期以来，我国可再生能源主要受益于针对电力供应侧的各项政策和资金支持，产业实现了大规模发展。随着产业的持续高速发展和社会发展需求的提高，一方面，产业需要通过市场途径寻找更广阔的市场空间；另一方面，电力用户主动寻求清洁电力的需求愈发明确和强烈，可再生能源参与市场化交易成为必然趋势。在国家电力体制改革逐步深化、电力市场建设不断完善的背景下，我国可再生能源市场化交易的政策正在制定和推进中。

我国可再生能源正处于由政策保障向市场化转变的转型期，参与市场化交易也处于初期阶段，国家层面的政策机制对于转型进程的推动、和对地方执行的指导作用十分重要。可再生能源市场化的主要政策机制包括强制性的可再生能源电力消纳责任权重制度，鼓励通过电力中长期、现货市场交易途径参与市场化交易，在重点区域实施专项性的绿色电力交易试点机制，以及突破性的分布式电力市场化交易等。

在加快构建清洁低碳、安全高效的能源体系的背景下，未来政策趋势将关注重点能耗行业与可再生能源的结合，对数字基础设施产业消纳可再生能源提出更高要求。2021 年 4 月，北京市发改委发布《关于进一步加强数据中心项目节能审查的若干规定》征求意见，并要求北京市数据中心项目逐年提高可再生能源利用比例，在 2030 年达到 100%。未来消纳责任权重将逐步提升，国家能源局发布的《关于征求 2021 年可再生能源电力消纳责任权重和 2022 ~ 2030 年预期目标建议的函》提出，2030 年全国统一可再生能源电力消纳责任权重为 40%。另外，电力市场相关政策也在为数字基础设施产业采购可再生能源提供新的机会。京津冀区域、北京市、山西省、福建省、浙江省均出台相关政策，鼓励符合条件的数据中心企业参与电力市场化交易。

2.2　可再生能源法和保障收购制度

我国可再生能源发展的基石文件《中华人民共和国可再生能源法》于 2006 年正式实施，并于 2009 年进行了修改，建立了总量目标、强制上网、分类电价、费用分摊和专项资金五项基本法律制度。其中第十四、第二十和第二十九条，三条分别对"全额保障性收购电量最低限额""可再生能源电价附加"和"未完成最低收购限额责任"进行了明确规定，如下面所示。

2.2.1 国家实行可再生能源发电全额保障性收购制度

国务院能源主管部门会同国家电力监管机构和国务院财政部门，依照全国可再生能源开发利用规划，制定全国可再生能源发电量的年度收购指标和实施计划，确定并公布对电网企业应达到的全额保障性收购可再生能源发电量的最低限额指标。国家电力监管机构负责监管最低限额指标的实施。电网企业应当依据前款规定的最低限额指标，与依法取得行政许可或者报送备案的可再生能源发电企业签订并网协议，收购不低于最低限额指标的可再生能源并网发电项目的上网电量。

2009年，中国根据设施运行寿命（通常为20年）实施了风电FIT政策，为投资者和项目开发商带来了强劲的长期经济激励。因此，中国的风电量从2009年的17599兆瓦增加到2018年的184665兆瓦。2011年，中国还实施了太阳能发电FIT政策，以帮助促进太阳能发电的发展。

长期以来，我国可再生能源发电实施全额保障性收购制度，是从电力供给侧保障可再生能源发展的关键政策之一。随着产业的发展，保障机制也得到不断完善，这其中就包括了市场交易方面。根据2016年3月发布的《可再生能源发电全额保障性收购管理办法》规定，可再生能源并网发电项目年发电量分为了保障性收购电量和市场交易电量两部分，鼓励超出保障性收购电量范围的可再生能源发电量参与各种形式的电力市场交易。

然而由于可再生能源自身存在的波动性特点，以及省间壁垒问题的存在，导致一些地区存在可再生能源电力受到不合理的市场交易规则和价格的影响，降低了可再生能源项目的经济性和参与市场的积极性。单一地从供给侧推动可再生能源参与市场交易未能达到预期效果。

与此同时，随着产业规模的不断扩大，可再生能源电力消纳成为了影响我国可再生能源持续健康发展亟待解决的问题和挑战。根据 2017 年制定的《解决弃水弃风弃光问题实施方案》，以及 2018 年发布的《清洁能源消纳行动计划（2018 - 2020 年)》的要求，解决可再生能源电力消纳问题的重要长效机制就是要实施可再生能源电力消纳保障机制。

2.3　可再生能源消纳保障制度

2019 年 5 月，国家发改委、国家能源局下发《关于建立健全可再生能源电力消纳保障机制的通知》，在电力市场化交易的总体框架下，通过建立强制性市场份额标准、落实各类市场主体责任等具体措施，形成了由电力消费侧引领可再生能源消纳的机制，通过市场化方式，促进可再生能源本地消纳和实现可再生能源跨省跨区大范围内优化配置。

根据消纳保障机制的要求，按省级行政区域对电力消费规定应达到的可再生能源电量比重作为权重责任指标（包括可再生能源电力总量消纳责任权重和非水电可再生能源电力消纳责任权重两类），各省级能源主管部门牵头承担消纳责任权重落实责任。承担消纳责任的市场主体分为两类：第一类市场主体包括各类直接向电力用户供/售电的电网企业、独立售电公司、拥有配电网运营权的售电公司；第二类市场主体包括通过电力批发市场购电的电力用户和拥有自备电厂的企业。

2020 年是消纳保障制度正式考核的第一年，全国 30 个省（区、市）都完成了国家能源主管部门下达的总量消纳责任权重和非水电消纳责任权重。各省份落实年度可再生能源电力消纳保障实施方案。2020 年 2 月，国家能源局负责组织编制了《省级可再生能源电力消纳保障实施方案编制大纲》，指导各省（区、市）编制当地的可再生能源电力消纳保障实施方案，以督促各地落实当地的可再生能源电力消纳责任权重，各省份编制和出台了各自的可再生能源电力消纳实施方案。

2021 年 1 月，北京电力交易中心发布首份《可再生能源电力超额消纳量交易规则》。2 月 5 日，2020 年度可再生能源电力超额消纳量省间交易正式开市，成功达成超额消纳凭证转让结果 245.5 万个，相当于可再生能源电量 24.55 亿千瓦时。十个省份参与此次可再生能源电力超额消纳量交易。通过交易，浙江、青海顺利完成本省 2020 年度可再生能源电力消纳责任权重。其中，国网浙江电力通过北京电力交易中心可再生能源消纳凭证交易平台，成功竞得宁夏地区风电消纳凭证

125.5 万张，完成全国首笔可再生能源电力超额消纳量交易。

2.4　可再生能源与"3060"双碳战略

新时代可再生能源发展的重要动力是国家"3060"双碳战略。2020 年 9 月 22 日，习近平总书记在第七十五届联合国大会一般性辩论上表示，中国将提高国家自主贡献力度，采取更加有力的政策和措施，二氧化碳排放力争于 2030 年前达到峰值，争取于 2060 年前实现碳中和。[①] 2021 年 3 月，"碳达峰、碳中和"被首次写入两会政府工作报告中，从国家与地方层面、产业规划层面制定路线图，履行碳中和这一气候承诺。

根据 2016 年正式实施的《巴黎协定》减排任务测算，2021 年至 2050 年，全球用于碳减排的总投资规模至少约达131 万亿美元，我国在实现"碳中和"过程中需要的投资规模或将达到 255 万亿元。

碳中和不是单纯的技术问题，也是经济学和管理学问题。在"3060"的双碳目标中，"30"是预计到 2030 年碳的净排放量上限是 108 亿吨，意味着从 108 亿吨碳排放降到零碳，也就是实现碳中和只有 30 年的时间。美国从 61 亿吨降到零碳预计用 43 年（2007 年达峰、目标 2050 年碳中和），欧盟从 45

---

① 习近平：习近平在第七十五届联合国大会一般性辩论上的讲话［N］. 新华网，2020 – 09 – 22.

亿吨到零碳，需要 60 年。我国仍然需要在经济高质量发展与实现碳中和之间寻找平衡，要完成这个使命，需要经历不管是技术变革还是经济社会变革肯定是剧烈的，中国从碳达峰到碳中和的碳减排斜率将是最陡峭的。2017 年，中国二氧化碳排放量分行业占比从高到低依次为：电力（火电为主，44%）、钢铁（18%）、建材（13%）、交通运输（8%）、化工（3%）、石化（2%）、有色（1%）以及造纸（0.3%）。

2.5 可再生能源消纳与双控体系衔接

为体现可再生能源清洁低碳的属性和价值，通过可再生能源落实"3060"双碳政策，从而激励可再生能源消费积极性，可再生能源消纳责任权重与能源"双控"机制也进行了衔接。按照 2019 年《关于建立健全可再生能源电力消纳保障机制的通知》的要求，超额完成消纳量不计入"十三五"时期能耗考核。在确保完成全国能源消耗总量和强度"双控"目标条件下，对于实际完成消纳量超过本区域激励性消纳责任权重对应消纳量的省级行政区域，超出激励性消纳责任权重部分的消纳量折算的能源消费量不纳入该区域能耗"双控"考核。对纳入能耗考核的企业，超额完成所在省级行政区域消纳实施方案对其确定完成的消纳量折算的能源消费量不计入其能耗考核。

2021 年 9 月，国家发改委发布《关于印发〈完善能源消费强度和总量双控制度方案〉的通知》，再次明确鼓励地方增加可再生能源消费，对超额完成激励性可再生能源电力消纳责任权重的地区，超出最低可再生能源电力消纳责任权重的消纳量不纳入该地区年度和五年规划当期能源消费总量考核。从能源双控角度引导可再生能源消纳，有助于责任主体缓解或摆脱自身能源消费的约束，更大程度上激发地方政府、用能企业等消费可再生能源的积极性。

第3章

可再生能源采购标准和路径概述

3.1 RE100

3.1.1 RE100 简介

企业对可再生能源的采购和认定，需要全球公认的绿色电力采购标准，其中被行业普遍接受的是 RE100 标准。2014 年"纽约气候周"期间，RE100 由国际非营利气候组织（The Climate Group，TCG）与碳信息披露项目（Carbon Disclosure Project，CDP）合作发起。该项目致力于将国际上有影响力的企业汇集在一起，共同承诺使用 100% 可再生能源，从而实现"大规模、快速提升社会可再生电力需求"的目标。加入

RE100 的企业将承诺在特定时间点（不得晚于 2050 年）前实现 100% 可再生电力使用，并接受 RE100 的监督。工商业企业消耗的电力占到了全球终端电量的 2/3，RE100 认为如能将此需求充分转由可再生电力提供，预计可减少全球 15% 的碳排放。RE100 对会员企业使用可再生电力的主要驱动力进行了调研，排名前三位的核心因素包括：温室气体排放管理、企业社会责任，以及获得消费者/市场的认可。

经过 8 年的发展，RE100 标准现已吸收超过 400 家会员单位，其中包括：苹果、"脸书"、微软、惠普、索尼、雀巢等全球知名企业。已发布的 *RE100 Annual Progress and Insights Report 2021* 提到，RE100 成员已实现 45% 电力来源于可再生能源，成员企业涉及多个行业领域，其中会员单位最多的五大行业为服务业、金融业、制造业、食品及饮料和零售业。RE100 企业分布在全球多个区域，以发达国家为主，其中会员单位最多三个国家为美国、英国、日本。我国的晶科能源、阳光电源等知名企业已经宣布加入 RE100。在 RE100 标准的带动下，成员单位为了实现其可再生能源采购承诺，已成为全球可再生电力采购的重要群体。四分之三的成员单位预计将于 2030 年实现 100% 可再生电力使用，目前 Apple 等 53 家企业已经发布声明完成实现了 100% 可再生能源电力的承诺目标（RE100，2022）。

RE100 成员单位通过多种方式采购可再生电力，其中超过 50% 的可再生电力来自非捆绑式环境属性证明（EAC，即"绿证"）。RE100 认可的绿证包括北美地区的 REC、欧洲的来源保证证书（Guarantees of Origin，GO）以及国际可再生能源标准证书（International REC Standard，I-REC）。2020年8月，RE100发布《Green Electricity Certificate（GECs）of China》，单独对中国绿证（GEC）的合规性作出了解释，GEC被证实满足RE100对EAC方式六项要求中的四项，并在特定情况下满足其余两项。企业未来可以将GEC作为自身消费绿色电力的证明，但需确保该可再生发电设施未获得其他与GEC可能产生重叠的环境属性证明，例如碳减排量（GHG off set）或任何其他环境属性证书，以确保实现"环境属性聚合"和"独家声明权"的要求。

RE100会员企业通过从当地电力公共事业公司采购（即绿色合同/电费方式）获得了另外大约30%的可再生电力，直接促进了当地电网的进一步脱碳。作为第三大可再生电力采购方式，PPA提供了可再生电力交易量的26%，较2018年（19%）有明显提升。58%的企业拥有自己的可再生发电设施（例如屋顶光伏）并"自发自用"，然而该方式仅能提供大约3%的可再生电力。

3.1.2 RE100技术要求

申请加入RE100的企业需承诺，其全球电力消耗中可再生能源的比例需逐步提升到100%，通过自发自用或外购风电、光伏、水电、生物质（包括沼气）以及地热能等实现这一目标，并满足以下技术要求：

3.1.2.1　基本加入条件

企业必须满足《加入标准》中概述的基本要求（例如规模，行业领域等），并承诺将100%使用可再生电力。

3.1.2.2　设定雄心勃勃的RE100目标

企业必须选定一个实现100%可再生电力的目标日期。最低要求是到2030年实现60%可再生电力使用、到2040年实现90%、到2050年实现100%。

3.1.2.3　符合RE100标准采购可再生电力

RE100成员单位必须按照技术文件的指引，具体包括：

●《技术标准》规定了RE100认可的可再生电力种类、推荐的采购方式，以及如何基于选定的采购方式进行可信的声明。

●《提出可信的（可再生电力使用）声明》包括以下重要信息：如何区分可再生电力声明与碳抵消（offset）声明、可再生电力使用带来的环境效益，以及对环境效益追踪系统的要求。

●《市场边界标准》定义了单一电力市场（single electricity market）的范围（除了欧洲和北美市场，其他地区通常以国家为边界）；RE100要求成员单位使用的可再生电力（与其实际消耗电力的区域）位于同一个电力市场范围内。

3.1.2.4　每年报告可再生电力使用进展

RE100 成员企业必须每年提交《年度报告表（reporting spread sheet）》（涉及公司信息、RE 目标、RE 策略、电力消费量、外购 RE 量、自产 RE 量等信息）或填写 CDP 的《气候变化调查问卷（climate change questionnaire）》报告其可再生电力应用的进展。上述数据将被 RE100 收集并发布在年度报告中。另外，RE100 鼓励成员单位详细描述其可再生能源采购的需求和障碍，有助于 RE100 明确下一步的工作方向。

3.2　SBTi 科学碳目标

3.2.1　关于 SBTi

SBTi（科学碳目标倡议）是由全球环境信息研究中心（CDP）、联合国全球契约组织（UNGC）、世界资源研究所（WRI）和世界自然基金会（WWF）联合发起的一项全球倡议，旨在提高企业的雄心，推动企业采取更为积极的减排行动和解决方案，共同应对全球气候变化。相较于 RE100，SBTi 更关注碳排放，也是众多知名外企绿电采购的关注标准之一。

科学碳目标倡议组织于 2021 年 10 月 28 日，发布了全球首个基于气候科学的企业净零排放标准，要求企业通过使用该标准，确保在设定近期和远期减排目标时与《巴黎协定》1.5℃温升情景保持一致性，并通过规划减排路线，达到"基于科学"的减排目的。

截至 2021 年底，已有 422 家公司承诺设立"科学碳目标"（SBT），并得到验证、符合《巴黎协定》的排放目标。这标志着具备科学碳目标的公司数增加了 24%，达到 2200 多家。已有 1045 家企业的目标得到该倡议组织的批准，包括微软、苹果、百胜、沃尔玛、通用汽车、强生等不同行业的全球巨头。最新加入的公司包括涂料生产商阿克苏诺贝尔、时尚零售商 Asos 和水泥生产商 Cemex，这些企业总市值超过 23 万亿美元。

2022 年前后，蚂蚁集团、腾讯、阿里等国内企业，也相继发布碳中和报告，宣称要在 2030 年及之前完成自身及供应链的碳中和目标。百胜中国加入"科学碳目标倡议"（SBTi），并力争于 2050 年要实现价值链净零排放；麦当劳要在 2030 年范围一、范围二绝对量减排达到 36%，其范围三（即供应链）强度减排要达到 31%；乐高公司要求到 2032 年，范围一、范围二、范围三的绝对量减排均达到 37%。[①]

与此同时，随着市场和客户对于供应商越来越严格的碳管理要求，上游供应商企业需要向不同的客户提供自身的碳排放数据，以及实施相应的碳减排措施，并通过可持续的采购标准加以约束。低碳转型意味着提高竞争力，吸引更多客户；而不

---

① 叶丹. 10 家互联网企业开放 & 助力广东节能减碳［N］. 南方日报，2022 - 08 - 25.

做低碳转型将失去客户，降低市场份额。科学碳目标持续广受欢迎，源于它们在目标设定背景下的不断演变，该组织还为中小企业提供了简化的目标设定流程，扩大了可以设定目标的公司范围。

3.2.2　SBTi 倡议的申请流程[①]

SBTi 倡议定义和推广设定科学碳目标，为企业提供资源和指南以减少实施目标的障碍，并独立评估和审批企业的目标。目标审核过程主要涉及三个团队：

3.2.2.1　目标审核团队（target validation team，TVT）

由技术专家负责进行目标审核，包括一名 SBTi 倡议的秘书，负责处理企业提交的目标，对企业提交的所有目标进行初步筛查，并指定一个审核团队。审核团队由首席审查员（lead reviewer，LR）和指定审批人（appointed approver，AA）组成。首席审查员负责对企业提交的目标进行书面材料审查，准备交付成果，在必要情况下组织反馈谈话，并在审核过程中作为企业与 SBTi 倡议之间的联系人。指定审批人作为同行评议人员，评价已完成的书面材料审查。对于企业提交的所有目标，指定的首席审查员和指定审批人由两个不同的合作伙伴组织聘请。

---

① Science based Targets. SME Target Setting System［R］. USA：WRI，2021.

3.2.2.2　技术工作组（technical working group，TWG）

由技术专家参与开发行业特定的方法学、工具和指南技术工作组团队在必要情况下将协助目标审核。

3.2.2.3　宣传团队

在审核过程中主要负责联系获得批准的企业，协调公布目标的事宜。该团队还负责管理公共目标数据库。

3.2.3　SBTi 倡议最新注意事项

根据 SBTi 的最新要求，规范作出了更严谨的调整。

3.2.3.1　目标雄心的调整

- 针对范围一、范围二的目标：从远低于 2 摄氏度调整为 1.5 摄氏度。
- 针对范围三的目标：从 2 摄氏度调整为远低于 2 摄氏度。
- 企业可设定的目标年限从 15 年缩短为 10 年。

3.2.3.2　范围三减排目标的设定方法

设定范围三减排目标时，物理强度和经济强度目标将不再适用。需遵循以下其中一种方法：绝对排放量收缩法、行业减排法和供应商参与目标。

3.2.3.3 企业需注意的时间节点

对于已提交目标但未获批的企业：

• 2022 年 7 月 15 日前：SBTi 根据第 4.2 版《科学碳目标手册》进行评估。

• 2022 年 7 月 15 日后：SBTi 根据第 5.0 版《科学碳目标手册》进行评估。

对于已获批的企业：

• 2020 年或更早前被批准的企业，2025 年前可根据 SBTi 现有标准更新其目标。

• 2020 年后被批准的企业，需每五年接受一次审核，并更新其目标 – 企业已承诺 1.5 摄氏度目标。

• 自 2022 年 1 月起，已按照商业雄心 1.5 摄氏度目标提交承诺的企业需在 24 个月内完成其净零排放认证。如目前企业减排计划尚未符合 1.5 摄氏度的目标（范围一、范围二），需在认证前设定更为严格的目标。

波士顿咨询在《中国气候路径》报告中指出，企业迈向碳中和需关注以可再生能源为主，多种路径的协同互补，实现减碳目标的具体措施主要包括以可再生能源等清洁能源替代煤炭、天然气、石油等化石燃料；升级现有设备、工艺流程；提升能源使用效率等方式。

在企业制定碳目标时，合理的碳中和路径应该按照自身业务特点、用能特性和排放结构来规划。例如互联网科技企业披露的自身运营范围内碳排放信息（针对范围一与范围二），该行业碳排放来源以数据中心用电为主。百度其自主披露的 2019 年碳排放（范围一、范围二与范围三）与用电结构中，电力消耗近 5 亿度，以数据中心外购电力为主的范围二碳排放占其碳排放总量约 92%。腾讯 2019 年《环境、社会、管治责任报告》披露的数据显示，其电力排放占总排放（范围一与范围二）的 99.5% 以上。因此，对于中国互联网科技企业来说，在运营范围内提高可再生能源供电比例，甚至达到 100% 可再生能源供电，即可在最大限度上接近企业碳中和（范围一与范围二）目标。

3.3　国际绿电经验

从 20 世纪 90 年代开始，美国、欧洲、澳大利亚等具有成熟电力市场的国家先后建立了绿电交易和绿色电力证书交易机制，其中包括了欧洲的电力来源担保（guarantee of origin，GO）机制，美国的可再生能源配额制（renewables portfolio standard，RPS），以及可再生能源绿色电力证书（renewable energy certificates，REC）为典型代表的绿证交易。在电力市场上运行经验成熟的国家，无补贴可再生能源的购电协议模式（power purchase agreement，PPA）近年来发展迅速，成为企业锁定长期用电成本、同时满足绿电采购要求的新型市场机制。欧美各国的绿电交易市场需求和交易机制，也在不断演变发展。

欧洲的 GO 机制是在欧洲能源证书标准（EECS）体系下对电力来源进行担保，而不同国家认可的品种不一，水电、风电、光伏、生物质发电是主要来源，有的国家也认可核电和热电联产的燃气发电。欧洲的 GO 机制是证电分离的交易，无补贴的绿电可以获得 GO 凭证，然后卖给有绿电消费需求的电力用户。GO 机制在欧洲发展迅速，2020 年 GO 签发额相当于欧盟 27 国可再生能源电量的 80%，它背后离不开欧洲企业购买绿电的积极性。

美国的可再生电力市场被认为是国际上最成功的电力市场之一，[①] 可分为合规市场（mandatory markets）与自愿市场（voluntary markets）。

3.3.1　合规市场

合规市场是指由政府发布可再生能源消纳政策规范合规市场，例如可再生能源组合标准（renewable portfolio standards，即 RPS/配额制）。RPS 政策会指定当地合规的能源或技术标准，并约束责任主体及时遵守政策要求。配额制的责任主体是电力供应商，而非直接配给末端电力用户，配额制要求责任主体在规定期限内提高自身可再生能源供应比例或购买 REC，以使其可再生能源供应量达到最低比例要求，否则会受到相应的

---

① 袁敏、苗红、时璟丽、彭澎 . 美国绿色电力市场综述 . 2019. 工作报告 [EB/OL]. (2019 - 1). http：//www. wri. org. cn/publications.

惩罚。政府在设置合规技术标准时，除环境属性外也会考虑例如刺激经济或就业增长等其他因素。

3.3.2　自愿市场

自愿市场（voluntary markets）由消费者对特定可再生能源（例如能源类型和项目位置）的偏好推动，允许消费者根据自身意愿采购可再生电力，而非受制于合规市场中的政策或法规要求。消费者通过减少自身用电对环境的影响，同时获得声称使用了可再生电力的权利。需要注意的是，组织或个人在自愿市场上采购的可再生电力，必须来自合规市场之外的部分，以免出现重复声明（double claim）的问题。

在自愿市场中，交易标的被称为"绿色能源产品（green power products）"。因此自愿市场有时也被称为绿色能源市场（green power markets）。"绿色能源"是"可再生能源"概念的一部分，代表了其中具有环境效益的资源和技术。美国环境保护署（EPA）将绿色能源（电力）定义为由风能、太阳能、生物质、地热能、沼气、低环境影响水电所产生的电力。对消费者来说，较传统能源和其他可再生能源（例如大水电和垃圾发电），绿色能源具有更高认可度的"零排放"和"减少碳足迹"优势。①

---

① 叶睿琪、袁媛、魏佳. 中国数字基建的脱碳之路：数据中心与 5G 减碳潜力与挑战（2020 − 2035）［EB/OL］.（2021 − 5）. https：//www. greenpeace. org. cn/.

3.3.3 两个市场的协同作用

在美国合规市场与自愿市场起到了很好的协同作用，前者决定了可再生电量在市场电力供应量中的最低比例，是可再生电力消纳的底线；后者则代表了电力用户对绿色能源的更高需求，提升了绿电交易的上限，共同推动美国可再生电力市场的发展。

3.3.4 美国可再生能源证书

在美国，州政府会给可再生能源电力生产商发放可再生能源证书（Renewable Energy Credits，RECs）。对于符合条件的可再生能源，每 1000 度电能相当于 1 份 REC，并在证书上标注该符合资格的可再生能源电力的类别及生产序列号、生产日期等信息。为了建立用户信心和防止供电商的欺诈行为，需建立第三方的监督机构。美国由非营利组织 Green - e，来推行绿色能源认证计划，负责监督市场，确认电力提供商的绿色电力是否达到标准。绿证采购应要求购买当年 12个月或者本年度前半年、后 3 个月的范围内，即 21 个月的窗口范围内产生的绿证，以使绿证的产生和消费时间尽可能接近。

Green - e 认证内容主要包括：绿色供电商提供的产品至少要包含 50% 的可再生能源；非可再生能源部分的能源在生产

过程中排放的废物不能超出系统的平均指数；电力产品中不能有核电力；两年后，电力产品中必须有5%是可再生能源，并在5年内逐渐增加到25%；电力销售商必须遵守行为准则的规定。

在配额制和可再生能源证书交易市场的发展过程中还存在很多问题，目前美国有些州正在逐步修改各自现有的配额制和RECs市场交易规则，通过增加可再生能源发展目标或具体资源发展类型等手段为市场发展消除障碍。可再生能源配额制和RECs交易市场的建立，不仅有利于保障实现和扩大可再生能源电力规模的目的，而且为电力用户提供了更多的绿色电力产品，有助于降低可再生能源发电的成本。这其中许多思路和做法都值得我国借鉴。

3.4　ESG 披露

随着全球应对气候变化与企业气候行动的共识进一步加深，ESG（环境、社会及公司治理）披露越来越受到上市公司和资本市场的关注。依照国际可持续投资联盟（GSIA）的趋势报告，在2018年初全球在投资中纳入ESG因素的资产总量为30.7万亿美元，与2016年相比实现了34%的增长。[①]

---

① 吕歆、叶睿琪. 绿色云端2021年中国互联网云服务企业可再生能源表现排行榜［R/OL］.（2021-4）. https：//www. greenpeace. org. cn/.

国际资本市场对企业 ESG 表现关注度不断提升，例如黑石，摩根士丹利、高瓴资本等全球知名投资方，从自身运营和投资资产的角度展现了对气候议题的关注。2020 年初，全球最大资产管理公司黑石指出"气候风险就是投资风险"，并要求旗下所投资企业积极披露气候变化相关风险，并制定适应策略。2021 年，高瓴资本创始人兼 CEO 张磊在中国发展高层论坛 2021 年会经济峰会上表示，高瓴资本已经向投资的企业伙伴发出了业内首份"碳中和倡议书"，希望企业拥抱变化，率先行动起来，着手推进自身的"碳中和"规划。近年来各国政府与证券交易所对企业 ESG 表现及信息披露的要求也同步提高。

3.4.1 美国

2021 年 3 月，美国证券交易委员会（SEC）发布了新的企业气候信息披露提议，拟强制要求上市公司披露气候相关信息。[①] SEC 在说明中指出，越来越多投资者认识到气候风险将会对上市公司的财务状况产生显著影响，因此投资者需要获得有关可靠信息以准确作出投资决策。清晰明确的披露要求可以帮助上市公司更高效地披露信息，以满足投资者需求。SEC 关于上市公司气候相关信息披露的建议符合投资者和上市公司双

---

① The Global Sustainable Investment Alliance. GLOBAL SUSTAINABLE INVEST-MENT REVIEW ［EB/OL］. (2022 - 3). http：//www. gsi - alliance. org/wp - content/uploads/2021/08/GSIR - 20201. pdf.

方共同利益，对上市公司的披露建议包括四个方面：

（1）应披露气候相关风险的治理情况和管理流程。

（2）应说明相关风险如何已经或可能对公司业务及财务产生实质性影响（material impact），包括短期、中期和长期影响。

（3）应说明相关风险如何已经或可能影响公司战略、商业模式及发展远景。

（4）应说明极端天气事件及其他自然灾害等气候相关事件、转型活动对财务报表及财务报表的估算方法及假设前提的影响。

建议将碳排放信息纳入强制披露范围。其中，范围一（通常指自有设施的碳排放）和范围二（通常指外购电力热力碳排放）对所有上市公司适用。范围三（上下游价值链的碳排放）只对部分上市公司适用，比如范围三碳排放对上市公司具有实质影响，或者上市公司设定的减碳目标包括范围三的排放。

SEC 的建议总体上遵循了 TCFD 的披露框架，及世界资源研究所（WRI）的温室气体核算体系。G20 的金融稳定理事会在 2015 年发起了"气候相关财务信息披露工作组"（TCFD），旨在研究气候变化与金融风险的关系，并提出气候相关信息的披露建议。2017 年，TCFD 发布了气候相关财务信息披露的整体框架，建议公司从治理、战略、风险管理、指标和目标四大方面、十一个披露项披露信息，以揭示公司所面临的因气候变化引起的转型风险和实体风险。美国 SEC 作为全球最大资本市场的监管方，新机制将引导所有金融机构和上市公司更加关注气候风险。

3.4.2 欧盟

欧盟在2021年3月发布可持续金融披露条例（Sustainable Finance Disclosure Regulation，SFDR）正式生效，要求欧盟所有金融市场参与者披露ESG相关内容，并对具有可持续投资特征的金融产品提出了额外的信息披露要求，包括气候变化相关指标。英国于2020年宣布要在2025年前针对大型企业和金融机构强制实行气候信息披露要求，目前已经在修法过程之中。

3.4.3 中国

香港联交所在2019年新版《环境、社会及管治报告指引》中，要求上市公司披露气候变化风险相关内容、披露碳排放信息和设立相关减排目标等内容，不披露的机构需要提供解释材料。中国香港的绿色和可持续金融跨机构督导小组在2020年12月宣布，香港将不晚于2025年前在相关行业强制实施TCFD披露，为配合这一目标，香港交易所于2021年11月发布基于TCFD披露建议编写的《气候信息披露指引》。

2021年，中国证监会发布《上市公司投资者关系管理指引（征求意见稿）》，首次要求将ESG信息纳入上市公司投资者关系管理内容范围。部分A股公司是境内外同时上市的，如果在境外要披露碳排放信息，在 A 股市场也要同步披露，会对同业产生对标压力。同时越来越多境内外投资者习惯应用 TCFD 框架进行个股及投资组合的气候风险分析，若 A 股公司相关披露缺失，会影响与此类投资者的沟通，尤其是不利于吸引境外投资者。

2021 年 6 月，中国证监会修订上市公司年度报告和半年度报告格式准则，加入"鼓励公司自愿披露在报告期内为减少其碳排放所采取的措施及效果"；2021 年 7 月，中国人民银行发布《金融机构环境信息披露指南》行业标准，也纳入气候变化因素。由于现行政策没有强制披露的要求，导致部分 A 股公司即便有能力也缺乏意愿披露气候相关信息，特别是碳排放数据。根据商道融绿发布的《A 股上市公司应对气候变化信息披露分析报告（2021）》，2020 年仅有 149 家 A 股上市公司披露了全部生产单位的碳排放数据，不足 A 股数量的 5%。[①] 未来政策趋势将不断完善，分步推进 A 股公司的碳信息强制披露的具体执行细则。

对于关注 ESG 披露要求的企业，应规范信息披露标准，参照国际相关披露指引［如全球报告倡议组织（GRI）准则、联合国可持续发展目标、CDP 气候变化问卷］，通过企业年报、ESG、可持续发展报告等渠道向公众和投资人披露企业应对气候变化的行动计划与风险管理制度。进一步提升信息披露

---

① 郭沛源. 上市公司碳信息披露箭在弦上［N］. 每日经济新闻，2022 - 03 - 24.

力度，丰富信息披露内容，例如数据中心行业应包括披露按照所在地细分的单栋数据中心用电量、用电结构及 PUE 水平等清晰的排放信息。

3.5　绿电采购路径概述

参考欧美绿电市场经验，结合 RE100、SBTi、ESG 披露这些国际绿电标准可以看到，逐步完善我国绿电采购机制，实践绿电采购路径已经成为政府、企业和市场共同关注的热点。企业参与可再生能源市场化交易、积极向 100% 可再生能源转型，在过去十年中得到了国际知名企业的广泛实践，也将成为中国企业迈向碳中和的必由之路。目前，国内企业使用可再生能源的途径主要来自市场化交易、绿证交易、投资电站、自建分布式光伏、分散式风电等方式。伴随未来绿电市场机制的进一步完善，中国企业通过 100% 绿电采购实现碳中和的可行性将进一步提升。

在提升企业绿色度的同时，可再生能源的投入使用也是控制电力成本、应对未来电价波动的重要举措。伴随未来企业用电需求扩增，电力支出将成为企业成本层面的重要部分之一。与此同时，可再生能源在 2021 年正式步入"平价上网"时代，市场化绿电交易的价格优势在部分省市已经凸显。例如河北省张家口市自 2018 年开展"政府 + 电网 + 发电企业 + 用户侧"的"四方协作机制"，将各大数据中心纳入可再生能源电力交易系统，通过市场化机制与风电企业直接交易，降低绿电交易价格。由需求决定的化石能源总体价格呈上涨趋势，可再生能源的生产成本呈下降趋势，一升一降给出可再生能源发展的未来空间。可再生能源采购是企业抵御各项政策风险的长期战略考量。[①]

在能耗双控与碳排放考核机制层面，国家及地方政府已出台相应可再生能源激励政策与探索。2019 年 5 月发布的《国家发展改革委 国家能源局关于建立健全可再生能源电力消纳保障机制的通知》中明确将可再生能源消纳量与全国能源消耗总量和强度"双控"考核挂钩。2021 年 3 月，广东省发布《可再生能源电力消纳保障的实施方案（试行）》研究探索在碳排放考核中考虑企业已承担的可再生能源消纳量。向 100% 可再生能源转型是企业减少碳足迹，以实际行动助力中国碳中和承诺的必要原则。互联网科技企业的碳排放主要来源于数据中心外购电力，因此，针对企业自身运营范围内的碳排放挑战，通过 100% 可再生能源供电，即可在最大限度上减少碳排放。

3.5.1　直接投资可再生能源项目

具备资金条件的企业可通过投资建设风电、光伏电站直接

[①]　岳琦，宗可嘉. 国家级示范区遇上"老天不给力"　张家口清洁供暖机制靠财政兜底［N］. 每日经济新闻，2020－01－02.

获得绿电和对应权益，[①] 具体包括两种模式：一是选择在园区自有场地建设分散式风电或分布式光伏，并用于企业自身电力负荷消纳，实现可再生能源电力"自发自用"；二是选择异地建设或入股大型电站，以促进可再生能源装机规模的增长。分布式能源自发自用模式目前在国内已经非常成熟，具体在本书第 4 章将进行详细介绍。

投资建设大型集中式可再生能源项目可以在一定程度上促进可再生能源发电装机的规模增长，同时企业还可以通过电站运营获得一定的投资回报率。在其他购电途径有所限制的情况下，这是大型企业使用绿色电力的一种非常直接的方式，但在电站开发、建设和运维方面，一般企业缺乏经验，需要与能源开发企业合作进行。目前业内对于其绿色属性所有权仍有不同意见，主要围绕在该模式投资获得的环境权益，应与企业的可再生能源消费通过绿电交易或绿证交易相关联。

3.5.2 市场化交易采购可再生能源

新一轮电力市场改革以来，全国逐步形成了 30 多个省级电力市场与 2 个跨区域电力市场并行的格局。在部分省份电力市场中，用电企业可直接与发电企业或间接通过售电公司

---

① Rachael Terada，Orrin Cook，Michael Leschke. 促进企业在中国参与可再生能源活动［R/OL］.（2019 – 11）. www. resource – solutions. org.

签订绿电合同，获得和使用可再生能源。2020 年伴随着"可再生能源电力消纳保障机制"的正式考核与运行，可再生能源将进入更多的省级电力市场，2020 年以来包括广东省、山东省与京津冀区域在内的省市已出台相关政策。尤其是 2021 年 9 月全国绿电试点交易启动后，越来越多省份开启了绿电市场。具体交易模式和各省政策在本书第 5 章进行了详细的介绍。

3.5.3　分布式发电市场化交易

在"放开两头，管住中间"电力市场化改革思路下，国家能源管理部门在积极推进分布式能源市场化交易，[①] 俗称"隔墙售电"。按照《关于开展分布式发电市场化交易试点的通知》等相关政策，分布式发电项目单位可以与配电网就近电力用户进行电力交易。位于同一配电网范围的电力用户，在 110 千伏电压等级内，可以选择与就近的分布式能源品种直接交易。但由于分布式电站本身规模较小，更多用户直接选择自发自用模式，所以分布式发电市场化交易推进较慢。2020 年，江苏省取得较大突破，首批分布式发电市场化交易试点项目"宁辉 5 兆瓦农光互补太阳能发电"正式开工建设，为全国分布式市场化交易的推进提供了范本。

---

① 袁敏、苗红、马丽芳等 . 企业绿色电力消费指导手册［EB/OL］. (2019 - 2). http：//www. wri. org. cn/publications.

3.5.4　长期购电协议 PPA

长期购电协议（power purchase agreement，PPA）是指企业级电力用户和发电厂之间直接签署的电力采购合同。在全球范围内，PPA 已经成为企业大规模采购可再生能源的主要措施。根据 BNEF 统计，2020 年全球共签署了 PPA23.7 吉瓦，其中多半发生在北美市场。

PPA 在欧美受欢迎，是因为其存在诸多优势。首先，PPA 是一种长期协定，一般为 10~25 年，企业双方在这期间约定固定电价。通过固定电价，发电企业可以获得稳定的现金流，有利于可再生能源项目融资。其次，对于电力用户来说，用电企业通过锁定未来 10~25 年的电价，规避未来电价波动风险。同时，对于数据中心等类型的电力大用户来说，PPA 可以提供足够的绿色电力满足其电力需求。

虽然 PPA 在欧美市场中非常流行，但在中国依然存在三方面限制：首先，在成熟的市场中，PPA 是帮助电力投资企业进行融资的有力工具，它可以证明电力企业在未来 10~25 年中获得稳定的现金流，从而在资本市场中获得融资，这点尚未应用在中国的项目开发中，所以企业签署 PPA 的积极性有待提高。其次，目前国内电网公司依然是可再生能源电量的主要购买方，开发商参考"平价上网"政策参考所在省份的基准电价结算，所以目前中国"PPA"合同多为短期合同（为无法享受固定电价的电量所设计）。最后，在目前中国电力市场改革的背景下，电力消费者更习惯于年度、月度电力市场交易。因为国内电价体系随电力市场改革推进不断调整，比如过去三年政府为了促进经济发展下调了工商业电价，又因2021年煤价上涨导致基准价上浮，所以企业对锁定长期的电力价格存在不确定性方面的担忧。

PPA模式在国内落地最关键的问题在于缺乏定价依据，国外的PPA离不开长期运行的电力市场作为基础，有成熟的现货、期货交易，从而有进行长期定价的依据，而国内电力市场还在起步阶段，对未来电价走势分歧可能较大，难以对价格达成共识。此外商业诚信问题也是风险，项目如果无法如期并网，或者用户企业倒闭，出现意外情况需要成熟的商业机制来完善。所以目前中国尚未出现成体系的PPA模式，PPA合同的签署仍呈现散点状态，且信息披露有限。但未来随着企业的绿电采购需求上升以及电力市场建设的完善，PPA有望在中国市场中取得较大发展。[①]

3.5.5　购买绿色电力证书

2017年1月，国家发改委、财政部、能源局三部委联合发布了《关于试行可再生能源绿色电力证书核发及自愿认购交易制度的通知》[②]，标志着中国绿色电力证书制度正式试行。

①　叶睿琪、袁媛、魏佳. 中国数字基建的脱碳之路：数据中心与5G减碳潜力与挑战（2020－2035）［EB/OL］.（2021－5）. https：//www. greenpeace. org. cn/.

②　国家发展和改革委员会. 关于试行可再生能源绿色电力证书核发及自愿认购交易制度的通知［R/OL］.（2020－10）. http：//www. nea. gov. cn/2017－02/06/c_136035626. htm.

绿证可以使企业摆脱电力市场关于交易周期、交易省份、交易方式等限制其无法直接采购可再生能源的各种因素，简便快捷地实现扩大应用可再生能源的目标。

早期中国绿证是基于其替代补贴的补贴绿证机制，价格普遍高于国际水平，风电补贴绿证平均价格约为 160.9 元/兆瓦时，而光伏补贴绿证则为 655.2 元/兆瓦时。这一价格下，采购绿证给企业带来过高的经济成本压力，严重影响了企业认购绿证的积极性。在风光平价的背景下，平价绿证价格为 50 元/兆瓦时，企业采购绿证的意愿将会大幅度提高，具体内容在第 8 章进行了详细介绍。

3.6　绿电路径对比

企业通过消费绿电可以获得环境权益、经济效益、社会形象等多方面的收益。综合考虑企业用电的便捷性、经济性需求以及配合市场化的进度，根据企业用电量、绿电目标、自有场地、所在省份不同情况，对目前各项绿电路径在国内的实践情况进行对比：

首先，对于具备分布式可再生能源发电系统安装条件的用电企业，应优先将自行或通过第三方投资建设分布式发电项目作为绿电消费的首选路径。此途径以分布式屋顶光伏项目为代表，在技术成熟度、商业模式可行性和政策支持力度方面均具吸引力。按照一般分布式光伏项目投资回收期为 5～11 年，项目生命周期为 25 年计算，分布式光伏项目将生产十年以上的零成本绿电。此外，分散式风电开发应用的条件也逐渐成熟。建议企业可以根据自身资金和人员条件，选择自行建设或通过开发商投资建设的形式实现绿电消费。

其次，对于缺乏分布式可再生能源发电系统安装条件的企业，建议可通过市场化交易方式购买绿电。一方面，用电企业可通过所在省份交易中心平台提供的双边协商、集中竞价、挂牌交易等途径购买和消费绿电，具体交易品种和形式以各地电力交易平台和电力市场长期协议规则为准；另一方面，在省级电力交易中心，已具备交易资格的大型电力消费企业可通过与售电企业谈判，以双边协商的模式直接与其旗下的可再生电力项目签订购售电合同。

随着电力市场改革的深入和政策的发展，分布式发电市场化交易机制也将逐步完善，参与分布式发电市场化交易也可以成为企业消费绿电的一个良好选择。由于绿电交易是高度政策导向型业务，建议用电企业保持政策敏感度，与具备实力的售电企业建立联系，通过更为便捷、价格合理的交易方式获取绿电。

最后，企业可以通过购买绿证实现绿电消费。这种途径是当前政策和市场环境下企业实现绿电消费最为便捷的方式，建议用电企业密切关注绿证交易制度的动态。此外，配额制落实后，采购绿证是企业履约的一种重要方式。

3.7　绿电消费评价

企业消费绿色电力要实现闭环，应包括绿色电力采购和绿色电力消费认定两个环节。企业采购绿色电力不论是依据国际标准 RE100，还是满足国内可再生能源消纳保障制度的考核，都有必要请第三方机构对绿电消费进行认定和评价。

2017 年 7 月，由中国可再生能源学会风能专业委员会、水电水利规划设计总院、国家可再生能源中心、北京鉴衡认证中心有限公司等机构发起成立绿色电力消费合作组织（GEC-CO，以下简称"合作组织"），旨在宣传、倡导绿色电力消费，推动可再生能源发展，为成员提供购买绿电的解决方案。合作组织目前有近百家会员单位。成员单位涵盖了各领域的企业，不仅有像 IBM、维斯塔斯、杜邦、法国液化空气、江森自控、比亚迪汽车股份有限公司、上汽集团、北汽集团等用能企业，还有像三峡新能源、华能新能源、北控清洁能源、大唐、华电等发电企业，同时也有像蚂蚁金服、中国人寿、兴业银行等金融机构，合作组织成员通过深入交流，共享信息资源，有效地推动绿色电力证书交易和绿色电力消费鉴衡认证。

在成立的同时，合作组织委托鉴衡认证中心编制了国内首本《绿色电力消费评价技术规范》①，对参与了绿电消费的企

---

① 鉴衡认证. 鉴衡认证成为国内第一个 100% 使用绿色电力的认证机构［N/OL］.（2022 – 3）. hhttps：//news. bjx. com. cn/html/20170701/834371. shtml.

业和个人开展"绿电消费评价",可分为组织、活动、个人和家庭等多种层次,累计开展超过近百例评价案例。2021 年秘书处公布了精工油墨(四会)有限公司(组织层面)、万科企业股份有限公司(活动层面)、蚂蚁区块链科技(上海)有限公司(活动层面)三例绿色电力消费评价项目,并提供绿色电力消费评价证书。

参考国内可再生能源消纳保障制度和 RE100 国际标准,结合合作组织绿电消费评价规则,目前国内已有的绿电消费途径主要包括企业自行或通过第三方投资建设分布式可再生能源发电项目、直接采购绿色电力和采购绿证三大方式,在后续章节分别深入介绍。

中篇

绿电的实践路径

第4章

分布式可再生能源自发自用

分布式可再生能源发电是指接入配电网运行、发电量就近消纳的中小型可再生能源发电设施，可以实现清洁能源的就近生产和消费，具有能源利用效率高、污染排放低等特点。分布式可再生能源技术包括分布式光伏、分散式风电、小型生物质发电等类型，由于位于电力消费场所附近，无须远距离输送及升降压传输，可有效减少配电网系统用户侧的峰谷差，提高输配电网络和变电网络的设备利用率，同时有利于改善用户侧能源使用结构。[①]

4.1 分布式可再生能源自发自用

目前，在分布式可再生能源应用领域，分布式光伏项目技

[①] 郝一涵、路舒童、江漪. 企业绿色电力采购机制中国市场年度报告：2021年进展、分析与展望［R/OL］. (2022 – 3). www.rmi.org.

术难度相对较低，投资规模相对较小，特别是在一系列鼓励和激励政策的扶持下，已经具备了良好的开发和应用基础，成为应用最广泛的分布式可再生能源发电形式。

本章节以分布式光伏项目为例，对项目开发的关键步骤进行梳理。分布式光伏发电系统主要应用于屋顶电站，包括企业、自然人、园区和公共建筑的屋顶光伏。企业利用建筑屋顶及附属场地建设的分布式光伏发电项目，在项目备案时可选择"自发自用、余电上网"或"全额上网"中的一种模式。计量电量时，对于"自发自用、余电上网"的模式，分布式光伏发电项目并网点在电网用户电表的负载侧需使用两块电表：

单向电表记录分布式光伏设施的发电量，另一块双向电表测量余电上网的电量，以及当光伏设施无法满足需求时用户消耗电网的电量。用户自己消纳的光伏电量带来的收益体现在节省的电费中，反送电网的电量以规定的上网电价计算。

分布式光伏电费结算主要分为三个部分，一是根据项目所在地的燃煤脱硫脱硝标杆电价计量的电费，二是部分项目可以获得财政部的分布式光伏补贴，三是各地方政府对当地分布式光伏项目的补贴，这部分的补贴强度、补贴年限及补贴流程根据各地的政策有所不同。分布光伏项目收益主要包括自用电量节省的电费、售电电费以及各级可再生能源补贴。

第三方开发商投资建设的项目中，用电企业无须承担项目成本，对应的项目收益仅有自用电量的电价优惠，余电上网电费、国家补贴和地方补贴均归属于第三方开发商。对于具体项目，其经济效益的测算需考虑到当地电费计价方式和用电价格，以及企业的用电负荷情况。并且，光伏发电设备成本呈现不断下降的趋势，以及国家补贴政策的不断调整，均对项目投资回报产生影响。因此，建议用电企业在项目开发前期进行深入、详细的调查和测算。

除分布式光伏发电项目外，分散式风电项目也逐渐具备开发和应用的潜力。2017 年、2018 年国家能源局相继发布了《关于加快推进分散式接入风电项目建设有关要求的通知》[①]及《分散式风电项目开发建设暂行管理办法》。随着低风速资源利用技术的不断提高，分散式风电项目可开发的范围也在不断扩大。在具备一定风资源和设备安装条件的地区，分散式风电也值得有绿电消费需求的企业关注。

部分有资金实力的绿电采购企业选择参股或者投资建设可再生能源发电项目，包括集中式风电站和光伏电站。这种模式在一定程度上能够促进可再生能源发电装机规模的增长，但所产生绿色电量直接供给用电企业使用还有难度。

4.2 分布式可再生能源市场化交易

由于分布式光伏的发电时间集中在正午时段，但与工商业

---

① 郝一涵、路舒童、江漪. 企业绿色电力采购机制中国市场年度报告：2021 年进展、分析与展望［R/OL］. （2022 − 3）. www. rmi. org.

企业的生产时间存在着用电时段匹配性的差异。结合最新的电力市场规则，我国在浙江等省份正在逐步试点分布式可再生能源自发自用以外的电量，参与市场化交易称"隔墙售电"。分布式发电项目单位（含个人）与配电网内就近电力用户进行电力交易，电网企业（含社会资本投资增量配电网的企业）承担分布式发电的电力输送，并配合有关电力交易机构组织分布式发电市场化交易，按政府核定的标准收取"过网费"。推动分布式发电开展市场化交易对于落实能源消费革命具有重大意义。新一轮《中共中央国务院关于进一步深化电力体制改革的若干意见》"开放电网公平接入，建立分布式电源发展新机制"，提高系统消纳能力和能源利用效率。

分布式项目参与市场化交易应满足以下条件：

（1）对于并网电压等级在35千伏及以下的项目，其单体容量不超过20兆瓦（有自身电力消费的，扣除当年用电最大负荷后不超过20兆瓦）。

（2）对于单体项目容量超过20兆瓦但不高于50兆瓦的项目，接网电压等级不超过110千伏且在该电压等级范围内就近消纳。

4.2.1 分布式市场化交易政策

2017年国家发改委、国家能源局联合下发《关于开展分布式发电市场化交易试点的通知》，加快推进分布式能源发展，组织分布式发电市场化交易试点。这也成为可再生能源开发利用、扩大市场化发展模式的重要途径和机遇。

全国已有江苏、湖北、河南、山西、黑龙江、天津、宁夏、河北、陕西、安徽省份成为分布式发电市场化交易试点，然而分布式发电市场化交易的开展仍面临着诸多机制方面的障碍。其中难度最大的就是输配电价（过网费）核算，以及对应电网公司隔墙售电过程中"责、权、利"方面的重新划分与定位。在全国各省市中，分布式市场化交易领域推动最快的是江苏省，已有示范项目落地但尚未省内全面推广。未来具体的隔墙售电交易规则，需要结合电力市场改革以及未来能源系统结构设计在政策机制方面，对分布式电力交易提出更为灵活和操作性强的方案。

隔墙售电交易流程，由分布式发电项目与售电公司或电力用户进行电力直接交易，向电网企业支付"过网费"。分布式发电项目自行选择符合交易条件的电力用户，并以电网企业作为输电服务方签订三方供用电合同，约定交易期限、交易电量、结算方式、结算电价、所执行的"过网费"标准以及违约责任等。交易过程中需要获得当地电网企业出具的《电网接入及消纳意见》《电网服务承诺》等书面材料。

4.2.2　分布式市场化交易试点和难点

江苏省分布式市场化交易的开展情况全国领先。2020 年 3 月，江苏省发展改革委联合国家能源局江苏监管办下发《关于积极推进分布式发电市场化交易试点有关工作的通知》，并规定了苏州工业园区等七处分布式市场化交易试点，在全国具有引领示范作用。2020 年 12 月，江苏省常州市天宁区郑陆工业园 5 兆瓦分布式发电市场化交易试点项目成功并网发电，"隔墙售电"正式落地。其他项目发展进度并未达到行业预期效果，这一模式至今未全国推广。

"隔墙售电"既有利于分布式能源就近消纳，又能大幅降低输配成本，为交易双方带来实实在在的收益，但推广难点还是过网费该不该收、收多少，一直是困扰"隔墙售电"项目的一个核心问题。所谓过网费，即电网企业为了回收其电网设施合理投资、运行维护成本及合理投资回报而向使用者收取的费用。按照相关政策规定，电力用户自发自用以及在 10 千伏（20 千伏）电压等级且同一变电台区内消纳，免收过网费。

由于分布式发电交易需要电网企业提供分布式电源并网、输电等技术支持，以及发用电计量、电费收缴等服务，增加了电网企业的运营成本；并且，分布式发电交易不支付未使用的上一级电压等级的输电价格，直接导致电网企业的售电（或输配电）收入减少。因此，电网企业并没有积极性参与分布式发电市场化交易试点。如何提高电网企业参与的积极性成为分布式发电市场化交易顺利推进的关键。

申报"隔墙售电"交易试点所需材料中的诸多文件都需要电网公司出具，电网公司怎会轻易为与自己争利的项目出具支持文件呢？"隔墙售电"项目的电源需要接入配电网，再到达周边的用户，电网收取过网费有其合理之处。但过网费与现有的电力交易体系输配电价核定方式有关。"隔墙售电"中如何考虑电网资产利用情况以及输配电价中的交叉补贴情况，给出一个各方均认可的过网费标准并非易事。电网企业的过网费与各省统筹的输配电价在定价方式上相悖。输配电价是各省统筹，而过网费则是节点定价法，这涉及重构输配电价体制，如果不理顺现有的电价机制，不通过市场的价格来调整与分配资源，"隔墙售电"仍难迎来大发展。

分布式发电项目的过网费是以电压等级高低划分收费标准的，但目前的电价体系中包含政策性交叉补贴，而交叉补贴又是多层次、多维度的体系，可能存在于同一省区不同地市之间，工商业与居民用户之间等，相互交错，情况复杂。所谓电价交叉补贴，就是在总体电价水平一定的条件下，对各类别用户实行与实际供电成本不相匹配的用电价格，以达到一部分用户给予另一部分用户电价补贴的政策目标。

当前，我国最主要的交叉补贴类型是，供电成本低的工商业用户通过承担高电价来补贴供电成本高、承受能力弱的居民和农业用户。业内认为，正是因为有交叉补贴的存在，"隔墙售电"交易的过网费很难用电压等级扣减的思路厘清。各省电价在进行成本监审的时候，电压等级、交叉补贴其实是清楚的，但如何疏导补贴成本是难题。部分省区一般工商业用户因承担了较多交叉补贴，"隔墙售电"的交叉补贴如果进入直接交易市场反而会出现电价倒挂现象，导致电价上涨。现在的矛盾点在于，交叉补贴的资金是由财政支付，还是通过调整电价实现。

"隔墙售电"机制之所以能在江苏省进行试点成功，主要原因在于当地政府对"过网费"给出了相对明确的标准，就近直接交易电量的输配电价仅执行风电、光伏发电项目接网及消纳所涉及电压等级的输配电网输配费用，免交未涉及的上一电压等级的输电费，政策性交叉补贴予以减免。在构建新型电力系统的当下，《关于完善能源绿色低碳转型体制机制和政策措施的意见》等政策，提出支持分布式发电（含电储能、电动车船等）与同一配电网内的电力用户通过电力交易平台就近进行交易，电网企业（含增量配电网企业）提供输电、计量和交易结算等技术支持，完善支持分布式发电市场化交易的价格政策及市场规则。"隔墙售电"如何借助利好政策和新的市场环境迎来转机，为业内所期待。

由于"隔墙售电"交易改变了电网的运营方式，给电网企业增加的成本是多因素共同作用下的一个综合结果，需要在试点中监测评估并逐步厘清。若综合考虑"隔墙售电"交易双方以及电网企业的利益诉求，平衡各方成本与收益，电网不仅不会成为"隔墙售电"交易难以逾越的难关，而且会成为积极的参与者和推动者。解决"隔墙售电"市场主体各方的矛盾，还应当回到电力体制改革确定的市场化方向，利用市场化方式解决。目前新能源成本已经大幅下降，分布式电源承担过网费的能力增强了，为处理好"隔墙售电"的过网费等问题提供了契机。

2022年以来，《能源领域深化"放管服"改革优化营商环境实施意见》《加快农村能源转型发展助力乡村振兴的实施意见》等政策相继出台，进一步明确了推动开展分布式发电就近交易（即"隔墙售电"）的政策风向。虽然利好政策频出，但过网费、交叉补贴等核心问题仍未厘清，致使"隔墙售电"在实际操作中存在诸多困难，相信未来坚持按照市场化原则，"隔墙售电"可以实现电源、电网、用户三方共赢。

第5章

绿电市场化交易

绿色电力交易是指以绿色电力产品为标的物的电力中长期交易，用以满足电力用户购买、消费绿色电力需求，并提供相应的绿色电力消费认证。目前绿色电力交易中的产品主要为风电和光伏发电企业上网电量。新能源企业每发一千瓦时电量，不仅具有电能价值，还具有环境价值。所以绿电交易价格应包含以上两部分价值，尤其是区别于火电的环境价值。目前绿电与火电中长期交易均价相比环境价值体现为溢价 3~5 分/千瓦时。

在绿电需求侧，购买绿电的用户一部分已提出 100% 绿色电力生产目标，一部分希望通过使用绿电来降低被征收碳税的风险。未来电力用户绿色转型的意识将进一步觉醒，企业愿意为绿电的环境价值支付费用，进一步扩大绿电消纳市场。相比增加调节能力、优化调度方式等聚焦电源、电网的消纳举措，绿电交易从需求侧出发，是深化电力市场改革的创新举措，将对共建能源生态圈，服务碳达峰、碳中和目标产生积极影响。

在绿电供给侧，平价及低价项目将是未来新增新能源项目的主流，绿电交易推动还原电力商品属性，有利于新能源可持续发展，助力构建新型电力系统。通过绿色电力交易，绿色收益得以实现，为新能源项目的健康发展提供了更坚实的保障。目前优先以未纳入国家可再生能源电价附加补助政策范围内的风电和光伏发电电量参与交易。随着市场建设不断成熟，将根据国家政策等有序引入更多市场主体。

绿色电力交易市场的启动是我国电力市场交易中的重要里程碑，对可再生能源参与市场交易意义非凡。相较于之前可再生能源作为普通电力交易品种，以较低价格换取消纳空间不同，可再生能源以特定的交易品种参与市场交易活动，可以更加全面反映其绿色的电能价值和环境价值，引导全社会形成主动消费绿色电力的共识，充分激发供需两侧潜力，并形成长效的市场机制。

5.1 绿电交易政策发展

2015 年 3 月，《中共中央国务院关于进一步深化电力体制改革的若干意见》印发，新一轮电力体制改革揭幕。输配电价核定、区域和省级电力交易机构的组建、售电市场等方面的改革为电力直接交易的大范围展开奠定了基础。随后发布的《关于有序放开发用电计划的实施意见》等配套文件也指出，要逐步放大电力直接交易的比例，根据电压等级由高到低的次序，逐步放开工商业用户用电，积极推进直接交易。

2016年底，《电力中长期交易基本规则（暂行）》发布，符合准入条件的市场主体可以通过双边协商、集中竞价、挂牌交易等方式，按年度、季度或月度进行省内电力直接交易、跨省跨区交易、合同电量转让交易和辅助服务交易，为全国各地的电力中长期交易制定了基本框架。

2018年7月，国家发展改革委、国家能源局印发《关于积极推进电力市场化交易进一步完善交易机制的通知》，要求2018年放开煤炭、钢铁、有色、建材4个行业电力用户的发用电计划，全电量参与交易，通过市场交易满足用电需求，并支持重点行业电力用户与风电、太阳能发电等清洁能源开展市场化交易。

2021年是国家发改委加快推动电改的关键一年，先后发布7份重要政策文件，与新能源消纳和产业发展直接相关，涉及源网荷储一体化、抽水蓄能价格形成机制、新能源上网电价、新能源配套送出工程、新型储能、分时电价机制等方面。有提升电力系统灵活性、经济性和安全性的针对性举措，也有完善价格形成机制的具体部署，启动绿色电力交易试点并非孤立的行动，而是我国电力市场体系的重大机制创新，有利于建立促进绿色能源生产消费的市场体系和长效机制。

2021年8月28日国家发改委、国家能源局复函并原则同意《绿色电力交易试点工作方案》，并由国家电网公司、南方电网公司落实主体责任，组织北京电力交易中心、广州电力交易中心编制绿色电力交易实施细则。2021年9月7日绿色电力交易试点正式在国家电网和南方电网区域分别启动。在电力市场交易和电网调度运行中，绿色电力优先组织、优先安排、优先执行、优先结算。鼓励有意愿承担更多社会责任的一部分用户区分出来，与风电、光伏发电项目直接交易，以市场化方式引导绿色电力消费，可体现出绿色电力的环境价值，产生的绿电收益将用于支持绿色电力发展和消纳，更好促进新型电力系统建设。

在上述政策和市场背景下，绿电市场化交易成为企业电力消费的又一选择。需要指出的是，各省（自治区、直辖市）电力交易机构制定的交易规则不同且不断更新，绿电直接交易的执行首先取决于当地电力交易机构是否已开展相关的交易品种和交易方式。

5.2　绿电参与中长期市场

2021 年之前，在新疆、山西等中西部风光项目富集省份，国家和地方鼓励保障性收购范围外的可再生能源电力参与电力市场化交易。特别是在消纳存在困难的地区，可再生能源项目需要通过参与电力市场化交易，争取更多的上网电量。

随着可再生能源进入平价时代，平价风光项目参与市场化交易已成为绿电交易主要发展趋势。电改 9 号文规定"鼓励建立长期稳定的交易机制"，构建体现市场主体意愿、长期稳定双边市场模式，鼓励用户与发电企业之间签订长期稳定的合同。中长期交易是当前我国电力市场的主要交易方式，市场主体可以通过双边协商、集中竞价、挂牌交易等形式，开展多年、年、季、月及月内多日的电力交易。

5.2.1　政策脉络

5.2.1.1　促进可再生能源电力消纳

2016 年 3 月，为了解决当时日益严重的弃风、弃光问题，国家发改委发布《可再生能源发电全额保障性收购管理办法》，鼓励超出保障性收购电量范围的可再生能源发电量参与各种形式的电力市场交易。同年 6 月，国家发改委、国家能源局联合发布《关于做好风电、光伏发电全额保障性收购管理工作的通知》，除规定保障性收购电量应由电网企业按标杆上网电价和最低保障收购年利用小时数全额结算外，超出最低保障收购年利用小时数的部分由风电、光伏发电企业与售电企业或电力用户应通过市场交易方式进行交易，并按新能源标杆上网电价与当地煤电标杆上网电价的差额享受可再生能源补贴，这些政策既鼓励了可再生能源参与市场化交易，也对地方不合理的可再生能源电力市场化交易行为起到了一定的约束作用。

5.2.1.2　可再生能源消纳责任和中长期交易机制的不断完善

2020 年 6 月，国家发改委、国家能源局公布关于印发

《电力中长期交易基本规则》的通知，明确规定了电力用户、售电公司和电网企业依法依规履行清洁能源消纳的责任。同时，支持新形势下的能源电力需求。2021 年 10 月，北京电力交易中心印发《跨区跨省电力中长期交易实施细则》，这是在国家双碳目标提出后，为加快电力市场建设、助力构建以新能源为主体的新型电力系统方面出台的一项积极的电力市场机制文件。其中明确了可再生能源交易执行优先地位、健全新能源预挂牌交易机制等机制和措施，将有利于充分发挥跨区跨省中长期市场在促进新能源大范围优化配置中的作用，助力构建以新能源为主体的新型电力系统。

5.2.1.3　协调可再生能源平价项目和补贴项目参与交易

随着产业规模的增长和成本的降低，我国风电和光伏产业进入了补贴退出阶段。按照要求，自 2021 年起，风电、光伏（集中式光伏电站、分布式工商业光伏电站）新增项目已不再享受补贴；自 2022 年起，未并网存量海上风电和户用分布式光伏新建项目也将不再享受国家补贴。为保障无补贴项目获得更好的市场空间，2019 年 1 月，发改委发布《关于积极推进风电、光伏发电无补贴平价上网有关工作的通知》，促进风电、光伏发电通过电力市场化交易无补贴发展。政策鼓励用电负荷较大且持续稳定的工业企业、数据中心和配电网经营企业与风电、光伏发电企业开展中长期电力交易，实现有关风电、光伏发电项目无须国家补贴的市场化发展。

在绿电交易起步阶段，无补贴、完全市场化的风电和光伏项目优先参与交易。而 2021 年后核准的新能源项目才彻底摆脱补贴，在初期由于平价项目规模有限，不足以满足市场需求，参与标准会适当放宽。优先组织无补贴、无保障性收购的风电、光伏项目电量；其次是无补贴、电网保障收购的风电、光伏电量，这类是保障了利用小时数、但不享受补贴电价的新能源电量；再次是带补贴的项目在合理利用小时数之外的风电、光伏电量。对于 2021 年前核准投运的带补贴新能源项目，如果直接参与绿电交易，对应电量既拿到了国家补贴，又通过绿电交易拿到了绿色溢价，将存在绿色属性重复收益的问题。因此如果无补贴的电量还无法满足绿电的购买需求，带补贴的新能源项目的合理利用小时数之外的电量可以参与交易。

为了政策体系配套，2020 年 10 月财政部、发改委、国家能源局联合发布了关于《关于促进非水可再生能源发电健康发展的若干意见》有关事项的补充通知，《通知》规定了各类资源区风电、光伏的全生命周期合理利用小时数，明确项目合理利用小时数内的电量享受财政补贴，超出合理小时数外的电量就不再享受补贴，核发绿证准许参与绿证交易。2020 年前开工的有补贴的项目，其补贴有合理利用小时数的上限。这种方式解决了目前绿电电量不足的问题，提出了带补贴项目提前"预支"合理利用小时数之外的电量来参与绿电交易的方法，从而让更多的新能源项目能够参与交易，同时也明确参与绿电交易的电量不享受补贴，避免重复为绿色溢价付费。

5.2.2　交易方式

5.2.2.1　双边协商

双边协商交易指购电主体（电力用户、售电企业）与售电主体（发电企业）之间自主协商交易电量（电力）和电价，达成初步意向后，经电力调度机构安全校核和相关方确认后形成交易结果。双边协商是电力中长期交易的主要方式，也是我国 2004 年启动电力用户与发电企业直接交易试点以来最常用的交易方式，过去被称为"大用户直供"，基本在场外完成。各省电力交易中心以年度交易为主，发布当年绿电交易规则、收集意向协议、生成合同，以提高市场效率。符合准入条件的电力用户可以直接参与电力市场交易，也可以选择售电企业代理交易。

5.2.2.2　集中竞价

集中竞价交易是指购电与售电主体分别通过电力交易机构申报交易电量和电价，电力交易机构在考虑安全约束的基础上进行市场出清，经电力调度机构安全校核后确定最终的成交对象、电量和价格。目前部分省份允许风电、光伏项目参与集中竞价。为了促进可再生能源消纳、建立跨省跨区送受电新机制，2016 年 3 月，国家发展改革委同意放开银东直流（银川—山东）输电线路的部分送受电计划，开展西北发电企业与山东电力用户的直接交易试点。[①] 通过参与银东直流的集中竞价，山东的电力用户可以向陕西、甘肃、青海、宁夏的风电、太阳能发电企业直接采购绿电。

5.2.2.3 补充交易品种

1）大用户参与绿电直接交易

新一轮电改以来，青海、新疆、内蒙古、宁夏、山西、辽宁等新能源富集省份均积极开展了新能源风光项目与大用户直接交易。随着可再生能源消纳问题的日益严重，在资源富裕、且弃风弃光问题严峻的地区（如三北地区），为促进消纳，由当地政府主管部门和电力公司开始组织当地的风电、光伏等发电企业与大型电力用户（如钢铁、冶金企业等）通过电力交易平台进行发电用电直接交易，通过市场化方式促进新能源消纳，通常此类交易电价较低，以提高用电企业购买的积极性。在中东部地区，越来越多的工业企业、数据中心等用电量大的电力用户，也对购买和消费可再生能源电力持积极态度，通过电力市场交易实现购售电双方直接交易的方式已在京津冀等地区开展。[②]

2）参与跨省区外送交易

可再生发电企业可在电力交易平台上以双边协商、挂牌、

---

① 徐可，葛畅，张进. 世界首条 ±660 千伏输电大通道银东直流校运十年输送电量超 2900 亿千瓦时［N］. 人民网，2020 – 11 – 26.

② 国家发展和改革委员会. 绿色电力交易试点工作方案［R/OL］.（2021 – 10）. https://www.ndrc.gov.cn/fggz/fgzy/xmtjd/202109/t20210927_1297840_ext.html.

集中竞价等方式直接参与，或在陕西、甘肃等省份与火电机组"新火打捆"共同参与。新能源外送电量上限以不影响完成本省可再生能源电力消纳责任权重指标为前提。

在可再生能源资源丰富但本地消纳能力不足的西北部地区，电网公司通过火电与可再生能源打捆的模式，从西北电力富裕省份购买可再生能源电力（价格较低），通过跨省跨区输电通道将电力输送并出售到中东部电力需求大的省份。同时，国家鼓励送端地区优先配置无补贴风电、光伏发电项目，按受端地区燃煤标杆上网电价（或略低）扣除输电通道的输电价格确定送端的上网电价，受端地区有关政府部门和电网企业负责落实电量消纳，在送受端电网企业协商一致的基础上，与风电、光伏发电企业签订长期固定电价购售电合同（不少于20年），此类项目不要求参与跨区电力市场化交易。

跨省交易的执行依然存在不少问题，具体如下：一是以解决弃风、弃光等为出发点，政策措施集中使用于发电侧，多以"点对网"或"网对网"的方式完成，电力用户在购买途径、电力来源等方面缺少主动权。二是电力送端多集中在西北部可再生能源资源富足地区，受端集中在用电量大的东部地区，由于供需不平衡，以及省间壁垒问题，存在可再生能源电价受到不合理市场规则的干预，交易价格较低的现象。

3）发电权交易

可再生能源发电企业与燃煤自备电厂之间的发电权置换。在甘肃、新疆自备电厂装机较大地区，通过可再生能源发电企业与自备电厂发电权交易，促进可再生能源电力消纳。火电企业以不高于当年新能源企业外送平均价的价格进行合同电量转移交易，购买火电企业的省内直接交易合同。

5.2.3 交易实践和问题

在以平价风光项目为主的全国绿电试点交易开始之前，西部部分新能源富余省份此前针对补贴风光项目的绿电交易存在的部分交易问题：

5.2.3.1 以支持特定行业为目的的专场交易。扶持特定行业为目的的专场交易在可再生能源富集省区较为普遍，对于当地支持的战略新兴产业，要求可再生能源降低电价与高耗能用户进行交易，三北地区还存在为电采暖提供低价的电采暖专场交易。

5.2.3.2 可再生能源与火电打捆交易。打捆交易是可再生电源与火电等调节电源按照既定比例进行打捆，普遍在可再生能源外送交易中使用，也在甘肃等省内电力中长期交易中使用。打捆交易的理由一般是通过调节性电源与可再生捆绑交易，为用户或电网输送提供稳定的出力。之前在风火打捆过程中，存在可再生能源比例低，且由绿电为火电提供补贴的情况。

5.2.3.3 调峰辅助服务市场交易。由于可再生能源的波动性和逆调峰特性，引发了部分调峰辅助服务需求，要求可再生能源分摊部分调峰辅助服务费用。即使在1439号文明确辅助服务费用由电力用户承担的前提下，仍有部分文件要求

"特殊机组"承担部分辅助服务费用。这一问题在东北地区较为明显，辅助服务费用的度电分摊增速远远高于可再生能源消纳的增长，极端情况下曾经出现分摊超过 0.1 元/度的情况。

5.2.3.4　绿电交易时段和曲线等规则有待完善。根据《绿色电力交易试点工作方案》，要求绿色电力交易的时段划分、曲线形成等衔接现有中长期合同，优先执行和结算，并由市场主体自行承担经济损益，赋予市场主体自主交易的权利和责任。新发布的《南方区域绿色电力交易规则》没有详细规定绿电交易是否需要签曲线，新能源的不可预测性使得实际出力曲线和事前签订的曲线往往不一致，所以现有政策对绿电交易签订曲线难度较大。目前零售用户绿电签不带曲线的中长期合同，以月度实际用电量为依据结算，未来则要看交易规模，规模小的话问题不大，但随着未来绿电交易比例大幅提升，将必然要求合同约定绿电考核曲线，以保障市场的整体平衡。

5.2.3.5　绿电跨、区、市省交易。目前绿电交易以省、自治区、直辖市内平价风光电项目交易为主，但存在北京、上海等省份因省内绿电采购需求大，但省内平价项目有限的绿电供需矛盾，因此需要绿电跨区交易。部分区域用户或者售电公司直接参与市场化的跨省交易规则呼之欲出。2021 年 9 月，万国数据在南方区域绿色电力交易签约仪式上与中广核新能源投资有限公司签署绿色电力合作框架协议。在该协议中，万国数据计划在未来 10 年内向中广核新能源采购来自贵州的绿色电力，合计采购电量不低于 20 亿千瓦时。《南方区域绿色电力交易规则》①规定，跨区跨省开展绿色电力交易的，应充分考虑送受端省区的送电协议计划或交易合同，以及非水电可再生能源电力消纳权重完成情况。跨省区绿电交易要遵循通道要求。在此之外，如果通道有空间，用户有需求，送端政府有意愿，绿电交易可以推进。我国的平价风电和光伏项目从 2019 年开始建设，目前并网容量和可供交易的平价绿电总量有限，随着近两年每年大量新并网的平价风光项目越来越多，相关机制也会逐步得到完善。平价绿电目前参与跨省交易本质上还是按照"网对网"的方式在进行，导致偏差部分可能要由电网公司承担，还有尚未完全厘清的部分。解决的方式是由送受电协议"兜底"，送端政府统筹。

市场发展初期，这种方式可以解决问题，但当跨省区交易的平价绿电量增加到一定程度，比如占到省间输送电量的 20%～30% 时，可能会产生较大偏差，届时送受端电网公司要额外承受偏差，需要偏差结算等市场机制进行调节，因此需要省间绿电交易政策不断完善。跨省跨区电力现货市场对绿电交易非常重要，但其中难度很大，包括与现行电力市场体系的衔接、风光发电精准化预测、跨省跨区辅助服务市场建设等。

---

① 广州电力交易中心. 南方区域绿色电力交易规则（试行）［R/OL］.（2022 - 2）. https：// guangfu. bjx. com. cn/news/20220225/1206515. shtml.

5.3　绿电参与现货市场

我国目前已批准两批共 14 个省份开展电力现货市场试点。对可再生能源绿电来说，电力现货市场能够兼容新能源波动性、随机性等特点，充分发挥市场在资源配置中的决定性作用，实现资源时空优化配置，以市场方式释放改革红利，有利于扩大新能源消纳空间、提升消纳能力。我国现货市场整体处于起步阶段，但鉴于可再生能源在电力系统中的定位和需求的重要性日渐凸显，加之电力市场建设的需要，可再生能源电力参与现货市场在最新出台的各项相关政策中都得到了重视和体现。

5.3.1　政策脉络

2017 年 8 月，国家发改委、国家能源局联合下发《关于开展电力现货市场建设试点工作的通知》，南方（以广东起步）、蒙西、浙江、山西、山东、福建、四川、甘肃等 8 个地区成为第一批试点，采取"成熟一个、启动一个"的方式开展现货市场建设工作。2021 年 5 月，国家发改委、国家能源局《关于进一步做好电力现货市场建设试点工作的通知》，新增辽宁、上海、江苏、安徽、河南、湖北六省市为第二批电力现货市场试点。

在现货市场试点启动的基础上，2017 年 8 月，北京电力交易中心针对可再生能源发布《跨区域省间富裕可再生能源电力现货试点规则（试行）》，定位送端电网弃水、弃风、弃光电能的日前和日内现货交易。当送端电网调节资源已经全部用尽，各类可再生能源外送交易全部落实的情况下，如果水电、风电、光伏仍有富裕发电能力，预计产生的弃水、弃风、弃光电量可以参与跨区域现货交易。此外，在 2019 年 7 月国家发改委能源局发布的《关于深化电力现货市场建设试点工作的意见》中，提出"建立促进清洁能源消纳的现货交易机制"，在市场建设初期，保障利用小时数以内的非水电可再生能源可采用报量不报价方式参与电力现货市场。以上政策在促进和扩大可再生能源电力消纳方面起到了市场机制保障作用。

2021 年 11 月，国家电网公司发布《省间电力现货交易规则（试行）》，成为我国首个覆盖所有省间范围、所有电源类型的省间电力现货交易规则。其中提出优先鼓励有绿色电力需求的用户与新能源发电企业参与省间电力现货交易。按照政策要求，包括可再生能源在内的所有电源将不再局限于跨区域的地域约束，临近省间的现货交易将进一步加大新能源的消纳空间。

5.3.2　交易实践和问题

2018 年 8 月，南方（以广东起步）电力现货市场成为首家启动试运行的试点，同年 12 月，甘肃、山西电力现货市场启动试运行；2019 年 6 月，以内蒙古电力多变交易现货市场模拟试运行启动为标志，第一批 8 个现货市场建设试点全部进入试运行阶段。在现行政策下，我国可再生能源电力参与现货市场主要包括以下两种方式。

5.3.2.1 省内电力现货市场

正在进行现货市场试点并有存在弃风、弃光、弃水等现象的省份，可再生能源机组超过保障性收购电量，在消纳受限的时段，可以参与现货市场交易并以现货市场价格结算。

5.3.2.2 跨省跨区间富余可再生能源电力现货市场

当部分省份进入弃风弃光期，电网可将被弃的电量通过跨省富余可再生能源现货市场以低价出售给其他省份，促进在更大范围优化配置电力资源。山西省内电力现货市场实施"新能源优先、全电力优化"。将省内和外送用电作为电能量竞价空间，对全网电力资源进行统筹优化配置。新能源采用"报量不报价"的方式参与，申报预测发电出力曲线，优先参与市场出清、优先安排发电空间，全力保障新能源消纳。甘肃是典型的高比例新能源电网，新能源发电的随机性、波动性、间歇性加剧了现货价格的波动，影响系统可靠供应。新能源集中大规模投产后，由于系统灵活性不足，使得弃电率增加，会抬升辅助服务价格。

当前可再生能源参与现货市场较少。一方面是因为已启动的现货市场试点中多数省份可再生能源可以实现优先消纳；另一方面是在现货市场的价格形成机制、出清算法等规则方面仍需针对可再生能源进行进一步完善。其次现货市场与中长期交易的衔接不足。中长期合同在稳定现货市场价格波动和平抑市场风险等方面的作用未得到有效的体现和发挥。

山西、山东、甘肃、蒙西作为第一批电力现货试点地区，已经将可再生能源纳入电力现货交易范畴。可再生能源电力中长期交易在电力现货市场中，支付的偏差电费，实际上是可再生能源消纳成本，偏差电费折算成可再生能源的度电降幅，绝对值可以达到基准价的 20% 左右。随着可再生能源快速发展，该部分消纳成本进一步提高的趋势明显。

5.4　绿色电力市场化交易试点启动

2021 年 9 月 7 日，我国绿色电力交易试点启动会在北京召开，首批绿色电力交易在省间和省内同时展开。[①]

国家电网经营区域，覆盖 17 个省份 259 家市场主体，交易电量达 79.35 亿千瓦时。预计将减少标准煤燃烧 243.60 万吨，减排二氧化碳 607.18 万吨。本次交易在省间、省内两个市场同时开展，涉及 17 个省份，发电侧以平价风电、光伏项目为主，电力用户类型覆盖国有大型企业、跨国公司和外向型

---

① 朱怡，周妍，伍梦尧. 绿色电力交易试点正式启动！首次交易电量 79.35 亿千瓦时［N］. 人民资讯，2021 – 09 – 08.

企业，包括汽车、化工、机械制造、钢铁、日用消费品等多个领域。国家电网公司经营区域成交电量 68.98 亿千瓦时，绿色电力成交价格较当地电力中长期交易价格增加 0.03 元/千瓦时 ~ 0.05 元/千瓦时，部分市场主体达成 5 年的交易合同。

南方电网经验区域，交易当日共有 30 家市场主体成交绿色电力 9.1 亿千瓦时，其中风电、光伏分别为 3.0 亿千瓦时、6.1 亿千瓦时，体现环境价值的交易价格在风电、光伏现有价格的基础上平均提高了 2.7 分/千瓦时，交易标的涵盖 2021 年内以及未来多年的绿色电力需求，最长需求周期达十年，充分体现了电力用户较强的绿色发展理念和社会责任意识，合理反映了风电光伏绿色电力的环境价值。市场主体包括中广核新能源、广东省能源集团、广西桂冠电力、广东电网能源投资公司、深圳腾讯公司、万国数据等。

电力系统提升绿电比例作为国家实现双碳目标的重要领域，绿色电力交易试点启动开市为市场的建立和良性发展提供了有益的尝试和支撑，对电力系统向"以新能源为主体的新型电力系统"转型，落实"双碳"目标具有重要的推动作用。此外，作为全球供应链中心及全球最大的电力消费国，中国推动企业绿色电力消费的举措将助力全球产业链进一步实现低碳化。未来中国有望形成全球最大的企业绿色电力交易市场。

5.4.1 试点交易规则

绿电交易市场主体：需经地方政府主管部门准入，主要包括电网企业、风电和光伏发电企业、电力用户和售电公司。

绿电交易方式：初期优先组织未纳入国家可再生能源电价附加补助政策范围内的风电和光伏电量参与交易。鼓励电力用户通过直接交易方式向绿色电力企业购买绿电，如无法满足绿色电力消费需求，电力用户可向电网企业购买其保障收购的绿色电力产品。

绿电交易组织：绿色电力交易初期以年度（多月）为周期组织开展。月度或月内根据电源、负荷变化可以组织增量交易及合同调整交易。鼓励市场主体间签订多年交易合同。

5.4.2 试点交易重点省份

江苏和浙江两省由于外向型出口企业和外资企业集中，绿电需求规模大。根据试点交易规则，省内平价风光项目作为绿电电源，通过双边协商方式参与试点交易。江苏扬子石化—巴斯夫有限责任公司和中国广核新能源江苏分公司完成交易电量为1.07亿千瓦时的光伏电量，相当于每年减少碳排放7万吨，有效期至2022年底。江苏国信能源销售公司共成交电量340万千瓦时，成交价格为0.4124元/千瓦时，此价格较江苏省绿电上网标杆价上浮 0.0214 元/千瓦时。

浙江绿电试点交易总规模超过 3 亿千瓦时，共有 32 家风光发电企业与 30 家电力用户合计成交 50 笔交易。浙江衢州巨化集团有限公司购得绿色电力 5000 万千瓦时，成为浙江成交量最大的电力用户。台州市两家制造企业也购买到 716 万千瓦时的绿电。国家能源集团、中核集团、浙江正泰集团有限公司以售出电量 6165 万千瓦时、5435 万千瓦时、4348 万千瓦时排在浙江省前三位。此次绿电试点交易价格在目录电价基础上平均加价 0.01 元/千瓦时，为新能源发电企业增收 300.75 万元，预计能够减排 22.5 万吨二氧化碳。[①]

北京、上海和天津由于本地缺少平价风光项目作为绿电电源参与交易，根据国家发改委、国家能源局正式批复《绿色电力交易试点工作方案》政策要求，当地绿电用户和售电公司，通过当地电网公司统一代理采购省外绿电方式，实现跨区绿电交易。上海地区的巴斯夫、科斯创、施耐德、国基电子等企业，与宁夏回族自治区的大唐集团有限公司宁夏分公司达成 2.5 亿千瓦时绿电跨区交易。

北京的北京奔驰汽车、SMC（中国）有限公司，通过电网公司统一代理采购方式，从山西省三峡新能源（集团）股份有限公司采购跨区风光项目电量，实现 2021 年 9～12 月绿电交易。

---

① 叶宾得、康梦琦. 浙江达成首场绿色电力交易成交电量超过 3 亿千瓦时 [N]. 人民网，2021-09-07.

5.5 绿电交易电价政策

在可再生能源发展初期，由于技术尚未成熟，风电和光伏设备成本高，建设难度大，国家为了鼓励可再生能源规模化发展，加大产业化支持，对风电和光伏项目给予固定上网电价支持政策。并随着风电光伏行业的技术进步和成本变化，逐年进行调整。对于可再生能源项目的专项支持资金来源实行费用补偿制度，作为可再生能源固定电价机制的配套制度，由电网企业依照上网电价收购可再生能源电量所产生的费用，高于常规火电平均上网电价计算所发生费用之间的差额，在全国范围内对销售电量征收可再生能源电价附加补偿。费用补偿资金主要来自国家可再生能源发展基金。通过可再生能源电价和补贴政策的实施，极大地促进了我国可再生能源市场规模化发展，其作为基石性的经济政策，直接推动了我国可再生能源发电相关产业的全面发展。与此同时，风电光伏项目并网容量攀升所带来的补贴快速增长，并出现拖欠的问题也日益凸显。

随着新一轮电力体制改革的开展，电价改革是重点改革领域之一。同时，可再生能源规模的快速扩大使得其参与市场成为必然趋势，风电项目上网电价也应向着市场化的方向转变。以竞争性配置方式确定风电、光伏上网电价的机制开始逐步实施。针对可再生能源保障性收购之外的电量，允许和鼓励参与市场化交易。但这些逐步向市场化转变的政策机制，也为可再生能源产业发展带来了不确定性和风险。不同区域的实施方式差异较大，在一些资源丰富、可再生能源电力占比高的地区且面临外送省间壁垒的地区，存在可再生能源保障性收购未得到执行的情况下，以较低价格换取上网电量的现象。

长期以来，国内电力用户却缺少从电力市场选择消费绿色电力的途径。2021 年 9 月，我国绿色电力交易市场正式启动，电力用户通过电力交易的方式购买风电、光伏等可再生能源电力，消费绿色电力，并获得相应认证。绿色电力成交价格较当地电力中长期交易价格增加 0.03 元/千瓦时 ~ 0.05 元/千瓦时。[1] 通过市场机制，全面反映绿色电力的电能价值和环境价值，提升绿色电力产品的发电收益。

2021 年 10 月 12 日，国家发展改革委印发了《国家发展改革委关于进一步深化燃煤发电上网电价市场化改革的通知》，推动我国电力市场化改革迈出重要一步，其核心就是真正建立起"能跌能涨"的市场化电价机制。提出有序放开全部燃煤发电电量上网电价，可进一步带动其他类别电源发电量进入市场，为全面放开发电侧上网电价奠定基础。另外，由于扩大了市场交易电价上下浮动范围，新能源参与中长期交易市场价格的浮动范围也相应变宽。风光项目绿电电价作为市场化电价的一部分，也随供需关系浮动，由市场给出绿电合理的价格

---

[1]　王将. 绿色电力交易［N］. 人民网，2021 – 09 – 15.

范围。

根据《绿色电力交易试点工作方案》，绿色电力交易要优先安排完全市场化绿色电力，如果部分省份在市场初期完全市场化绿色电力规模有限，可考虑组织用户向电网企业购买享有政府补贴及其保障收购的绿色电力。其中，完全市场化绿色电力产生的附加收益归发电企业；向电网企业购买且享有补贴的绿色电力，由电网企业代售代收，产生的附加收益用于对冲政府补贴，发电企业如自愿退出补贴参与绿色电力交易，产生的附加收益归发电企业；其他保障上网的绿色电力，产生的附加收益由电网企业单独记账，按照国家发展改革委、国家能源局要求，专款用于新型电力系统建设工作。

为充分体现绿色电力的环境属性价值，《绿色电力交易试点工作方案》规定，按照保障收益的原则，可参考绿色电力供需情况，合理设置交易价格上、下限。从参与绿色电力交易的市场主体来看，供应侧目前以风电和光伏发电为主，按照国家发改委的计划未来将逐步扩大到水电等其他可再生能源。

5.6 绿电环境权益的唯一性

用户为绿电支付额外溢价后，如何认证其环境权属，尤其是证明唯一性问题也备受行业关注。美国、欧洲、澳大利亚等成熟电力市场大都设立了绿电及绿证交易市场。作为电力用户，希望绿电拥有严谨的环境属性，在通过绿电交易、绿证、

CCER 等方式进行环境属性确权时，需要避免重复计算和交易，以保障用户获得完整的环境权益。

5.6.1　绿电与绿证衔接机制

我国在绿电交易之前，已经有绿证交易，2021 年 7 月全国碳市场也启动了。绿电、绿证和碳市场未来如何衔接，也是终端用户关心的问题。国内的自愿绿证认购于 2017 年 7 月启动，国家可再生能源信息管理中心负责绿证核发，建设绿证自愿认购平台。绿证价格过去与项目补贴挂钩，比较昂贵。2021 年 5 月以来，平价风光项目的绿证也开始在平台上线，但交易始终不活跃。国际上也有如 APX 这类第三方的绿证签发机构，将新能源产生的绿证进行第三方认证，由新能源业主卖给需要购买绿证的电力用户。

国内绿电试点交易开始推广"证电统一"模式，绿证和绿电同步交给购买绿电的用户。方案明确，国家可再生能源信息管理中心根据交易需要核发绿证，划转至电力交易中心，交易中心根据绿电交易结果将绿证分配至电力用户。交易中心还组织开展市场主体间的绿证交易和划转，为未来政策完善后绿证单独的交易预留空间。绿电交易还引入区块链技术，确保绿电生产、交易和消费的全环节溯源，保证绿电环境权属唯一性。

"证电统一"的绿电交易模式，帮助用户在获得绿电交易电能量价值的同时，直接获得交易电量对应的绿色电力证书，绿证上明确显示绿电的风光项目信息、对应的发电时间和减排量。其环境价值清晰且可追溯性强，有助于提升绿电买家发布ESG声明的社会认可度。对于"证电分离"的模式，要证明电量的环境权益，需要电力交易中心或风光项目发电企业提供绿电交易结算凭证作为补充，来说明对应环境权益的唯一性和权威性，否则很难被专业ESG机构所认可。二者统一规则比较复杂，同时也面临输电通道容量等物理限制。支持证电统一的观点则认为，二者捆绑销售更易于理解和接受，也容易实现国际互认。如果分开销售，存在通过绿证二次销售的质疑，影响认定用户并没有真正消费绿电。

绿电和绿证在不同的领域各有优势，他们会根据不同的场景进行选择。但需要注意两种方式的衔接，避免环境权益在不同的市场体现，要避免被重复计量，确保环境权益的唯一性。除此之外，用户更希望碳市场和绿电交易在环境权益方面进行互通，尤其是高耗能企业面对能源双控、温室气体控排和可再生能源消纳三项制度的考核，绿电和碳排互通有利于企业科学考核，避免三项考核的重复叠加，对企业和产业额外的成本支出。

5.6.2　绿电与碳市场衔接机制

2021年7月，中国启动了碳市场交易，对于纳入碳市场的用户来说，采购绿电也意味着减少碳排放。在与碳市场衔接方面，电—碳市场的顶层设计将逐步完善，争取实现相关数据的贯通，以避免绿电交易的环境权益再以其他形式在碳市场售卖，同时将绿电交易实现的减排效果核算到相应用户的最终碳排放结果中，激励更多主体参与绿电交易。我国新能源装机世界排名第一，未来将拥有世界上最大的新能源市场和碳市场。随着绿电交易的推进，市场规模预计将有大幅增长。绿电交易已经启幕，虽只是刚刚起步，但由"市场之手"激发的机制创新正加快布局，必将为我国能源绿色低碳转型提供更多支撑。

交易方案明确，未来要研究通过 CCER 等机制建立绿电市场与碳市场的衔接，避免用户在两个市场重复支付费用。后续绿电交易将与碳市场等有序衔接，相关数据将争取实现贯通，绿电交易实现的减排效果可以核算到相应用户的最终碳排放结果中，更多主体将以此为激励参与到绿电交易中。不过，由于主管机构不同，两者衔接需要时间。生态环境部在双碳体系统筹设计中已经探索考虑将绿电和绿证引进碳排放抵扣体系中，而如何抵扣还存在一些争议，比如抵扣比例如何确定等。

当前绿电采购企业致力于尝试不同的可再生能源电力交易手段，关注购买具备额外性与可追溯性的可再生能源，额外性的意义在于采购行为支持了可再生能源项目的建立与经济性的提升，可追溯性的意义在于采购行为可以链接到实体的可再生能源电厂并具备绿色属性认证。

借鉴国际知名绿电买家的采购经验，苹果公司从 2019 财年开始已经实现了 100% 绿电采购。根据苹果最新发布的公司

2021 年环境进展报告，苹果采购的绿电中，90% 来自苹果"自建"（Apple created）的绿电项目，其中以 PPA 和虚拟 PPA 的长期绿电交易为主，占到 87%，其他包括直接投资绿电项目（10%）和对绿电进行股权投资（3%）。自建项目之外的差额，5% 通过公用事业公司的绿电项目满足，3% 由托管设施供应商满足，大约 1% 是通过购买绿证（RECs）来实现，并且要求购买绿证的项目与苹果耗电设施在同一电网内，以确保其绿电来源可靠。

5.7　高比例可再生能源与新型电力系统

2021 年 10 月，国家提出构建以新能源为主体的新型电力系统，为高比例可再生能源在电力行业的发展指明了方向。电力商品的特殊性体现在对电力实时平衡的苛刻要求上，目前尚不存在经济可行的系统级大规模、长周期储能方案，在新技术革命到来前，电力系统安全稳定运行仍靠电网优化调度，实现发用电功率匹配。从长期安全来看，电力系统需要充裕的电源接入，满足日益增长的负荷需求；从短期安全来看，电力系统需要一定的灵活性，适应发用电波动变化。随着接入电力系统的电源、负荷、储能等设备品种日益丰富，为多能互补提供了更多空间，同时增加了调度运行的复杂性，加之市场经济中商业行为的私密性，使得各种设备的实际成本并不透明，这就需要通过市场机制代替传统的计划手段，优化配置资源。

与传统电力系统相比，以新能源为主体的新型电力系统的主要特点是，间歇性的新能源从配角变为主角，可预测、可控制的传统电源退居其次，这就使得以往司空见惯的"源随荷动"调度变得越发困难，需要对电力灵活性资源进行有效激励，以提高电力系统的整体弹性。因此，电力价格不仅要反映电能本身的价值，还要体现实时电力的灵活调节价值。而且，在碳达峰碳中和目标要求下，还要体现电力的绿色价值。

5.7.1　可再生能源波动性对新型电力系统的成本影响

新型电力系统下的电力市场体系需体现多维价值，统筹考虑电力的充裕性、灵活性和环保性，并通过电力市场机制发挥多元市场主体的作用，实现资源深度优化配置。针对新能源发电的不稳定等技术特点，导致电力系统消纳和运行成本出现明显上升，例如近期各省份新建新能源的并网要求中，增加配套建设一定比例的储能系统。新能源发电平价上网，仅考虑其电量价值，未考虑其对电网稳定性的影响和需要考虑的容量市场成本。未来新能源发电并网比例不断提升，增加的电网稳定型成本会导致电价上涨，要有效化解这部分成本，就必须深化电力体制改革，在体制机制和市场建设上做出探索创新。

另外调峰辅助服务费用的义务和责任，不应由可再生能源独自承担。首先，调峰辅助服务是电网企业统购统销模式下的特殊政策，并不适应目前发用双方直接交易，没有统购统销，不把全部用户看成一个"大用户"，电力系统运行也就没有必要在不同电源之间分配出力，也就不存在调峰辅助服务；其次，用户是使用可再生能源的最终受益者，按照"谁受益、谁承担"的原则，应当由用户最终承担辅助服务费用；最后，当前的电力系统是无法精确计量到底哪一个可再生能源项目引发辅助服务，因为任何电源运行都有可能引发辅助服务，不能因为可再生能源的某些运行特性，就通过制度进行"集体惩罚"。

5.7.2 波动性可再生能源与电网调度平衡关系

实时平衡是电力系统必须面对的核心问题，同时供需基本平衡是电力市场机制有效发挥的基本要求。通过市场机制实现电力资源优化配置，需要足够大的体量来实现电源和负荷匹配。目前发电机组的调度关系明确，不可能由多家调度机构下达指令，同时不同市场主体协同运行需根据组织时间、调度关系、结算关系等安排，在《关于加快建设全国统一电力市场体系的指导意见》新政中对此均有明确要求。市场层次和分级市场是不同概念，前者指的是全国、省（区、市）、区域各层次电力市场，后者指的是批发和零售市场。随着电力系统日益复杂，在当前技术条件下进行全国统一调度和交易并不现实。目前我国已形成五级分层调度管理体系和省级以上交易中心设置，均为省级及以上电力市场建设提供了平台，因此省级、区域均有条件发展一定层次的电力市场，且在条件成熟时可实现融合发展。在新能源大规模接入电力系统后，发用电时空差异增大，原本电力供需平衡的省份也要与周边甚至远端地区互动，这就需要上层电力市场机制予以解决。

根据国家最新相关政策，新能源报价未中标电量不纳入弃风弃光电量考核，为新能源参与市场化交易进一步松绑，使其对电量处置有了更多自主性。同时提出了在现货市场内推动调峰服务，这或是将调峰功能与调峰交易区别对待。鼓励分布式光伏、分散式风电等主体与周边用户直接交易，为"隔墙售电"新能源就地平衡提供了支持。

现货市场中凸显的可再生能源消纳成本需要场外配套机制疏导和场内的改革措施承担。现有可再生能源中长期合同电价，与参与电力现货市场后获得的综合平均电价之差，实质就是可再生能源消纳成本。这部分消纳成本产生的原因是，可再生能源在现货市场兑付中长期合同过程中，由于其天然的不稳定性，产生了相对中长期合同曲线的偏差。如日内傍晚负荷高峰时段，可再生能源发电不足，需要从市场购买偏差电量以完成合同执行，此时市场往往以传统机组出力为主，现货交易价格偏高；而在日内午间负荷低谷时段，往往是可再生能源大发时段，但此时现货交易价格偏低。这就是可再生能源合同兑付过程中典型的偏差电量"高买低卖"现象。其本质也是可再生能源向传统化石电源支付消纳成本的过程，符合市场的基本原理和原则，该部分费用在现货市场中能得到计量，非现货地区，据测算传统电源为可再生能源消纳，承担了其电价 20%左右的成本，这种情况在任何国外电力市场也普遍存在。鉴于可再生能源消纳要付出消纳成本，消纳成本呈上升趋势且无法避免，因此，必须设计场外机制对消纳成本进行疏导，电力市场场内交易是无法解决这一问题的。

目前我国现行电力中长期交易制度过于重视年度交易比例、交易频次过低、限制发电企业作为买方等缺陷存在，造成我国的电力中长期交易制度设计不符合可再生能源对"市场流动性"的渴求，使电力中长期交易曲线偏离可再生实际出力曲线过多（大幅增加消纳成本），这是当前场内交易规则亟须完善的方面。

即使目前的交易机制存在这样和那样的问题，可再生能源参与市场交易仍是大势所趋。根据国家发改委《关于进一步深化燃煤发电上网电价市场化改革的通知》和《关于建立健全可再生能源电力消纳保障机制的通知》文件明确的电网代理购电制度，将加快新能源进入市场的步伐。电网代理购电制度替代了电网统购统销模式，电网企业与用户在法律关系上属委托代理关系，而非供售电服务，电网企业按政策收取过网费，不再承担批发侧购买电能导致的盈亏，也不具备承担保价保量收购可再生能源的能力。因为现货市场运行地区或开展中长期分时段交易的非现货试点地区，电网企业要根据代理工商业用户和居民农业等保障性用户用电情况，确定电力中长期交易合同曲线。即使在未开展分时段签约模式的非现货试点地区，电网企业也要根据代理工商业用户和居民农业等保障性用户用电情况，分月进行购电，无论是带曲线或者分月购电量，都很难与可再生能源出力曲线匹配或者与分月发电量相同。燃煤发电计划全面放开后，作为电力系统主要调节电源的煤电，电网企业已经不能像过去，通过调节燃煤发电机组出力，来平衡可再生能源发电曲线与代理购电工商业用户和居民农业等保障性用户曲线或分月电量之间的偏差，因为煤电没有计划电量和基准电价了。代理购电制度下，电网企业已经失去了统购统销模式下对可再生能源保价保量收购的能力，未来可再生能源消纳逐步分为两种方向，存量补贴项目在合理利用小时数以内电量，由电网保障收购；而合理利用小时数以外的电量以及增量的平价项目将通过电力市场交易实现消纳，保障未来大规模可再生能源消纳。

消纳成本未来将成为消纳可再生能源的最大成本，有必要进一步完善相关交易规则，对消纳成本进行疏导。

一是通过落实用户新能源消纳责任解决消纳疏导问题。强化可再生能源电力消纳责任权重的刚性约束，要求全部用户实际用电量的一定比例来自新能源电量或购买绿证（绿证不再与补贴挂钩）。实行消纳责任考核机制，对于未足额拥有绿证的用户（含使用新能源电量获得的绿证和单独购买的绿证），制定相应的罚金标准，督促用户完成新能源消纳责任。如果再考虑可再生能源补贴欠补问题，可适当提升消纳责任权重以及罚金标准，提升用户购买新能源的积极性。可以将消纳责任权重分为当前消纳责任权重和历史消纳责任权重，当前消纳责任权重主要解决当前全部可再生能源消纳问题，历史责任权重主要解决补贴欠补问题，对拥有自备电厂的工商业用户，加大消纳责任分配权重。对于没有欠补的存量项目，通过落实用户新能源消纳责任，如获得超过基准价的收益但低于补贴绝对值部分，可一定比例用于冲抵补贴。政策层面一旦建立了实施消纳责任刚性约束和罚金制度，即使保量保价的新能源电也能与其他各类电源平等参与市场交易。

二是通过政府授权合约方式解决疏导问题。新能源保量保价电量由新能源企业与电网企业（或国有售电公司）在电力市场外签订政府授权合约（如具有金融性质的差价合约，不需要实际交割电量），补贴欠补项目的合约价格按照当地燃煤基准价上浮一定比例，具体上浮标准可根据当年计划解决新能源欠补金额确定，补贴未欠补项目合约价格按照当地燃煤基准价确定。电网企业（或国有售电公司）按照政府授权合约价格与市场参考价之差乘以合约电量（带曲线），作为政府授权合约结算电费。运行现货市场的地区，市场参考价可选取日前现货价格（含新能源参与的电力中长期交易、现货交易和辅助服务交易等）。未运行现货市场的地区，市场参考价可选取最短周期集中交易价格。开展分时段交易的地区，市场参考价可选取最短周期集中竞价形成的分时段交易价格（含新能源参与的电力中长期交易、现货交易和辅助服务交易等）。补贴未欠补项目，补贴机制继续按现有方式执行。电网企业（或国有售电公司）因执行政府授权差价合约产生的损益由电网企业（或国有售电公司）单独归集、单独记账，由全体用户承担。

5.8 "e–交易" APP

在全国绿电试点交易启动的同时,为了方便市场主体便捷地参与绿电交易,国家电网公司开发了电力市场统一服务平台"e—交易" APP。在平台上的绿色电力交易专区,可再生能源发电企业、售电公司和绿电采购用户无须再像传统电力交易一样,进行线下谈判和签署纸质合同,而是将绿电交易全部流程搬到线上,实现"一网通办、三全三免"的便捷服务。

"一网通办"是指用户登录即可享受绿电交易"一站式"服务;所谓"三全三免",即该平台汇聚了电网企业、发电企业、电力用户及售电公司等全市场主体,覆盖了省内与省间、批发与零售全业务范围,涵盖了多年、年度、月度等全绿电交易品种,而市场主体还可享受到免重复注册、免交易手续费、免费绿色消费认证的绿电交易服务。

可再生能源发电企业与绿电采购用户完成交易后,为了方便采购用户日后通过 ESG 机构披露绿色环境权益,在"e—交易" APP 上将向采购用户的账户自动划转"绿色电力消费证明"。由北京电力交易中心和国网区块链司法鉴定中心出具的绿电消费证明,借助区块链技术,实现绿色电力生产、交易、消费等各环节信息均得以全面记录且不可篡改,达到了绿色电力全生命周期的追踪溯源目标。

第6章

重点省份可再生能源市场化交易
政策解读及案例

6.1 京津冀地区

华北区域的张家口是风能和太阳能资源都非常丰富的地区之一，于2015年成为了全国首个国家级可再生能源示范区，规模化开发效应凸显。截至2021年底，张家口市可再生能源装机规模达2347万千瓦，其中风电1644万千瓦、光伏695万千瓦。全市可再生能源装机突破2300万千瓦。近期张北—雄安1000千伏特高压交流工程、张北±500千伏柔性直流电网试验示范工程投产运行，促进了张家口地区可再生能源外送及电力负荷中心清洁用能，为京津冀绿色能源协同发展奠定了基础。

6.1.1　京津唐电网冀北电采暖交易

为促进京津唐电网的可再生能源绿电供应，推进冀北地区可再生能源市场化交易，2017 年 10 月，国家能源局华北监管局、河北省发展改革委发布《京津唐电网冀北（张家口可再生能源示范区）可再生能源市场化交易规则（试行）》，建立起由政府、电网企业、可再生能源发电企业和用户共同组成的"四方协作机制"，逐步探索常态化可再生能源电力交易。在此试行规则下，京津唐电网张家口地区符合准入条件的可再生能源发电企业、用电企业和售电企业，通过挂牌等市场化交易方式，对保障性收购年利用小时数以外的电量进行中长期交易。保障性收购年利用小时数以内的电量由电网企业按照冀北电网火电标杆上网电价优先全额结算，以外的电量按市场化交易电量结算，国家和省级补贴仍按相关规定执行。

根据试行规则，初期参与交易的电力用户为电采暖用户，由电网企业或售电公司以集中打包的方式代理，采用挂牌的方式进行交易。后期逐步引入电能替代用户和高新技术企业用户，并增加单边竞价等交易方式。电采暖用户交易周期为每年 11 月至次年 4 月，按月度组织开展挂牌，原则上全部电量进入市场，取消目录电价。挂牌交易于每月 15 日前开展，由电采暖用户和售电企业通过交易平台提出电量和价格的交易申请，由可再生能源发电企业自主申报认购。

按照交易规则组织的首次电采暖用户与可再生能源挂牌交

易，于2017年10月在冀北电力交易中心进行。电源侧共52家风电企业满足准入要求，总装机容量达737万千瓦。负荷侧由国网张家口供电公司代理22家电力用户参与交易，挂牌电价（发电侧）为50元/兆瓦时，挂牌电量1930万千瓦时。交易过程中共37个风电项目参与摘牌，申报电量2350万千瓦时，超出挂牌电量22%。最终30个风电项目达成交易，挂牌电量全部成交。2017年11月，电采暖用户实际用电量为776万千瓦时，风电企业结算电量根据试行规则进行等比例调减。

2017~2018年供暖季期间，参与交易的电采暖用户数由22家增长至138家，供暖面积超过100万平方米，累计结算电量超过1亿千瓦时。2019年1月首次交易电量突破1亿千瓦时，用户电价约0.15元/千瓦时，成本与燃煤集中供暖持平。

6.1.2 京津冀绿色电力市场化交易

2018年11月，国家能源局华北监管局发布《京津冀绿色电力市场化交易规则（试行）》，在张家口地区电采暖交易的基础上，绿色电力交易市场主体的范围进一步向京津冀地区拓展。除张家口地区电采暖用户外，用户类型还包括电能替代用户、高新技术企业用户及冬奥场馆设施。交易周期、方式和品种方面，增加年度交易、双边协商和可再生能源发电企业间的合同电量转让交易，并对年度双边、月度挂牌、月度双边等交易的时序做出安排。

根据此试行规则，可再生能源发电企业未参与绿色电力交易的超发电量在年终统一清算，此部分电量结算造成的差额收益主要返还至所有参与绿色电力交易的可再生能源发电企业。当京津唐电网调峰受限时，电力调度机构应最大限度保证参与交易的可再生能源发电企业发电，进一步调动发电企业参与交易的积极性。此外，试行规则还增加了电能替代用户和高新技术企业月度实际用电量低于合同电量超过5%时的偏差结算与考核方法。

2020年底，国家能源局华北监管局进一步修订完善绿色电力交易政策，发布《京津冀绿色电力市场化交易规则》。该规则明确可再生能源发电企业自愿参与绿色电力交易，保障性收购年利用小时数以内部分保量保价，以外部分保量不保价。保障小时数以内的电量按标杆上网电价全额结算，以外的电量应参与绿色电力交易并以市场交易价格结算。市场交易价格不低于标杆上网电价的市场交易电量部分，计入保障性收购年利用小时数以内的电量。此外，规则规定发电企业实际上网电量超过保障性小时数和市场交易总和的电量部分，按照市场保障性结算电价（本年度京津唐电网年度或月度电量中长期交易的平时段最低交易价格）进行结算，推动可再生能源发电企业积极参与市场化交易。同时，市场保障性结算电价与燃煤标杆电价的价差部分形成的差额收益，主要向参与电采暖交易的发电企业返还，进一步提升发电企业效益。

2019年一季度，张家口可再生能源市场化交易成交电量3.06亿千瓦时，包括阿里巴巴、秦淮数据等高新技术企业通过挂牌或双边协商等方式参与交易。2019 年 6 月，北京电力交易中心会同首都电力交易中心、冀北电力交易中心组织开展 2019 年 7～12 月冬奥场馆绿色电力交易，共达成交易电量 0.5 亿千瓦时，2022 年北京冬奥会也将通过市场化交易等方式，实现所有场馆 100% 绿色电力供应。截至 2021 年 7 月，张家口地区累计完成可再生能源市场化交易 39 次，交易电量超 20 亿千瓦时。"四方协作机制"交易绿电突破 20 亿千瓦时、受益农民达 8.4 万户，为可再生能源参与市场化交易提供了经验。[①]

6.1.3　2022 年冀北绿电年度交易规则

2022 年 1 月 7 日，河北省发改委发布《关于做好冀北电网 2022 年绿电市场化交易工作的通知》，作为 2022 年冀北年度绿电交易政策依据，并对以下交易条件做了明确规定。

市场准入：市场化用户自愿按比例和价格购买绿电，须向冀北交易中心提交申请。发电企业在保障冀北居民、农业电量外，可自愿参与市场，张家口地区风电超过 1900 小时电量与保障性用户交易。

电量：绿电市场化交易由交易中心按年度双边协商、月度集中竞价组织开展，根据市场需求实施开展月度交易，暂不与

[①]　国家能源局. 张家口启动可再生能源电力交易 ［N］. 中国电力报，2017 - 11 - 13.

火电交易统一出清。冀北新能源市场化交易优先保障冀北电力用户，如有剩余可与河北南网开展外送交易，再有剩余可与北京、天津等电力用户开展外送交易。

市场主体分时段申报电量、电价，交易申报时段具体为尖峰、峰、平、谷多段，高峰电价不低于平段电价 1.5 倍，低谷电价不高于平段电价的 0.5 倍，尖峰电价不低于平段电价的 1.8 倍。新能源电厂分时段曲线与之成交的用户侧分时段曲线对应形成。

冀北新能源年度分月、月度交易上限暂按前三年分地市当月平均利用小时的 50% 确定，剩余电量保障冀北农业、居民电量。张家口风电 1900 小时以上电量与保障性用户交易，以内电量按交易上限参与市场，剩余电量保障冀北农业、居民电量。具体有以下几个方面：

（1）结算：发用双方分时段交易结算按"照付不议、偏差结算"原则执行。用户侧偏差电量部分按照火电和新能源合同合计值，计算超用电量和少用电量，超用和少用价格执行火电市场价格。新能源电厂侧欠发时，按合同电量电价结算，上网电量低于合同电量的部分按照 $1.2 \times$（年度分月价格和月度交易价格的最大值）支付欠发费用，与合同均价差值产生的不平衡资金向冀北新能源返还，按其月度上网电量占全网电量的比例确定。绿电结算电量不再享受补贴，不计入全生命周期小时数。

（2）绿证：冀北交易中心配合河北发改委进行绿电认证，交易在交易中心平台进行。售电公司需与代理用户签订补充协议，明确绿电采购凭证归属的用户方。1月组织的冀北年度绿电交易价格高于火电基准价1.2倍上限4厘，体现绿电环境权益。

6.2 浙 江 省

"十三五"期间浙江省可再生能源保持快速增长，截至2020年底，全省可再生能源装机容量达3114万千瓦，其中光伏发电1517万千瓦（分布式光伏1070万千瓦），风电186万千瓦（海上风电45万千瓦），常规水电713万千瓦，抽水蓄能458万千瓦，生物质发电240万千瓦，可再生能源装机占比达到30.7%，较2015年提高13.3个百分点。[①]

2020年，浙江省发展改革委发布《关于在宁波泛梅山多元融合高弹性电网建设示范区开展绿色电力交易试点工作的通知》，由浙江电力交易中心组织完成2020年12月绿色电力交易。示范区内主营针织服装出口的申洲国际集团控股有限公司与浙江中营风能开发有限公司达成点对点交易电量1400万千瓦时，每千瓦时加价0.01元。根据绿电采购方的环境权益认证，浙江电力交易中心按照实际结算电量数据，为申洲国际集团控股有限公司颁发了绿色电力交易凭证，实现浙江省内绿色电力交易的政策性突破。

---

① 浙江省人民政府.省发展改革委 省能源局关于印发《浙江省可再生能源发展"十四五"规划》的通知 [N].浙江省发展改革委员会，2021-05-07.

在 2020 年交易试点的基础上，浙江省发展改革委、省能源局、浙江能源监管办于 2021 年 5 月发布《关于开展 2021 年浙江省绿色电力市场化交易试点工作的通知》及《浙江省绿色电力市场化交易试点实施方案》，启动绿色电力交易试点，进一步优化配置绿色电力资源，深度挖掘绿色电力零碳属性的商业价值和社会价值。

市场主体准入：发电侧市场主体包括省统调太阳能、风能等非水可再生能源发电企业，待市场成熟后进一步放开范围；用电侧市场主体为《2021 年浙江电力直接交易工作方案》确定放开的电力用户。

绿色电力市场化交易按照年度、多月、月度为周期组织，交易方式采用发用电侧集中竞价、挂牌交易等。实施方案中明确，可再生能源发电企业补贴仍按照国家和浙江省相关政策执行。绿电交易结算完成后，浙江电力交易中心根据实际结算数据向电力用户出具"浙江绿色电力交易凭证"。凭证由省发展改革委（能源局）监制，将严格依照结算结果记录结算电量，确保绿色属性所有权的清晰和唯一。此外，在省内企业用电碳排放指标计算原则制定阶段，浙江绿色电力交易凭证主动纳入碳排放指标管理体系。

在偏差处理和结算方面，实施方案规定绿电交易优先结算，月度结算、月度清算。各市场主体月度合同电量未完成部分，不滚动至次月结算。发电、用电市场主体月度实际发用电量大于合同电量部分分别按照批复上网电价和用户目录电价结算；实际发用电量小于合同电量时，绿电交易结算电价按照合同价格执行，合同未完成部分的偏差电量按照合同均价与燃煤发电上网基准价价差的绝对值进行偏差考核结算。曲线分解方面，绿电交易可先签订电量合同，待月前再根据预测情况分解曲线，日前形成预测曲线。交易合同中设立灵活调整条款，并可优先参与合同交易。实施方案鼓励市场主体通过不同月份间电量置换或合同电量转让的市场化方式调整偏差，在交易结算前均可开展。

2021 年底，浙江省发展改革委、省能源局、浙江能源监管办发布《2022 年浙江省电力市场化交易方案》。方案明确持续扩大绿电交易范围，推动平价风电、光伏发电企业参与中长期交易，鼓励非平价风电、光伏企业综合补贴和绿电交易价格等因素，供需双方自主协商参与交易。此外，浙江省能源局发布通知明确，参与绿电交易的售电公司应在与零售用户签订的绿电购售电合同或补充协议中，明确绿电交易电量、价格等信息，绿电凭证归零售用户所有。

在省内绿色电力交易试点工作为基础，浙江省市场主体也积极参与了 2021 年 9 月开展的全国首批绿色电力交易试点。此次交易中，浙江省共 32 家风电、光伏发电企业与 30 家电力用户合计成交 50 笔交易，成交电量超过 3 亿千瓦时，用户侧自愿在目录电价基础上平均加价 0.01 元/千瓦时。2021 年 11 月，银泰百货与大唐浙江分公司达成绿电交易电量 3000 万千瓦时。浙江电力交易中心协同北京电力交易中心达成 12 月绿电交易电量 1120 万千瓦时。2021 年度，浙江共开展绿电交易 4 次，累计成交电量 3.32 亿千瓦时。同时，浙江省发展改革委等单位于 2021 年 11 月发布《杭州亚运会绿色电力专项行动方案》，计划通过绿色电力交易等方式，实现 2022 年杭州亚运会 100% 全电量绿色电力供应。[①]

2022 年绿电年度交易规则如下：

2022 年 1 月 12 日，浙江电力交易中心发布《2022 年 2 – 12 月浙江省绿色电力交易公告》，由于发文时间已是 1 月中，所以 2022 年浙江绿电年度交易执行时间为 2 ~ 12 月。浙江火电及其他年度交易组织时间为 1 月 20 日，略晚于绿电交易。

市场主体准入：售电方为已在浙江电力交易平台完成注册的风光企业。参与交易项目为省内及跨区平价风光项目。

交易申报：交易不通过省级电力交易中心平台，而是通过"e 交易"APP 进行双边协商。

售电方在平台申报电量和电价，购电方对售电方申报进行确认。双方自主协商送受曲线，平台申报确认后形成交易曲线，未提交交易曲线默认选择典型负荷曲线。

合同签订：采用"交易承诺书 + 交易公告 + 交易结果"方式产生电子合同。

结算：绿电电量在合同执行期优先结算，交易中心按结算结果将绿电消费证明分配给各用户。实际偏差按双方在"e 交易"平台签署的《绿电权益偏差条款》执行。

绿证：浙江绿电交易电量通过"e 交易"APP 直接核发区

---

① 浙江电力交易中心，浙江绿电交易首度开启"日常模式"［N］. 中国能源网，2011 – 11 – 11.

块链绿电消费证书。

2月16日，浙江电力交易中心再次发布《2022年3-12月浙江省绿色电力交易公告》交易执行时间为3~12月，以满足未参与2月年度交易用户的绿电需求。浙江绿电交易既包括省内风光项目，也包括了宁夏、甘肃跨区项目，以及分布式光伏的上网电量。交易价格和火电基准价1.2倍上限基本持平。

6.3 广 东 省

广东是用电大省，年用电量连续多年位列全国第一，电力装机结构多元，截至2021年底，并网风电、太阳能发电装机容量为1223.5万千瓦和1003.9万千瓦，在全省统调装机容量中的占比分别为7.7%和6.3%。2021年2月，广东省发展改革委发布《关于我省可再生能源电力消纳保障的实施方案（试行）》。试行实施方案落实了各市场主体完成可再生能源总量和非水电消纳责任权重的措施，鼓励具备条件的市场主体自愿完成高于省下达的最低消纳责任权重，购买可再生能源电力是市场主体完成消纳责任权重的主要方式。电网企业全额保障性收购的可再生能源电量首先用于完成省内居民、农业、重要公用事业和公益性服务、非市场化用电量对应的消纳责任权重。如有剩余，电网企业根据各承担责任权重市场主体的购电量或用电量，初期按无偿原则进行分配，计入各市场主体的消纳量。电力市场交易的可再生能源电量按交易结算电量计入市场主体的消纳量。此外，试行实施方案还指出要研究探索在碳排放考核中考虑企业已承担的可再生能源消纳量。

2021 年 4 月，广东电力交易中心发布《广东省可再生能源交易规则（试行）》，在可再生能源全额消纳的原则下开展省级可再生能源交易，包括电力交易和消纳量交易。根据试行规则，发电侧市场主体包括省内风电、光伏、生物质发电等可再生能源发电项目，用电侧包括售电公司、直接参与交易的批发用户、通过售电公司参与交易的零售用户。电力交易主要采用双边协商的方式进行，以年度和月度为周期开展，条件具备时可组织可再生能源直接参与现货交易。可再生能源交易的价格机制保持价差模式，条件具备时与广东电力市场同步转入绝对价格模式。

非现货交易月份，广东可再生能源电力交易采用月清月结的结算模式。对于发电企业，实际结算电量按不含补贴的批复上网电价与合同价差之和结算，偏差电量（实际上网电量与实际结算电量的差额）按不含补贴的批复上网电价结算，可再生能源补贴按国家规定执行。对于批发用户，实际结算电量按合同价差优先结算。在消纳量核算方面，市场化交易的可再生能源电量按照实际结算电量计入市场主体的消纳量。零售用户可与售电公司签订新的零售合同或补充协议，约定可再生能源电量、价格以及消纳量的归属。售电公司根据零售合同为零售用户申报可再生能源消纳量，且不得转让或开具给其他零售用户。

2021 年 6 月，广东省开展了首次可再生能源年度双边协商交易，交易标的为 2021 年 7～12 月电量，成交电量 1048 万千瓦时，成交价差 +18.78 厘/千瓦时，与上网标杆电价相比，可再生能源发电企业度电增收近 2 分。化工企业巴斯夫与华润电力达成交易，为其湛江一体化基地采购了绿色电力。在 10 月的月度交易中，发电侧企业成交 3 家，用电侧成交 6 家，总成交电量 637 万千瓦时，成交均价 +29.92 厘/千瓦时。截至 2021 年底，广东省共完成 1 次年度交易及 3 次月度交易，总成交电量 3005 万千瓦时，平均成交价差 +26.1 厘/千瓦时。2022 年，广东可再生能源电力交易按照绝对价格模式开展，市场主体申报价格以 0.463 元/千瓦时为基准。2022 年广东可再生能源电力年度交易成交电量 6.79 亿千瓦时，成交均价 513.89 厘/千瓦时，较基准价高出 11%。

6.4 江 苏 省

2021 年 11 月 19 日，江苏省发改委、能监办发布《关于开展 2022 年电力市场交易工作的通知》。在东部省份中率先开展 2022 年度绿电交易，且绿电交易和火电交易同时进行，不同于其他省份专场绿电年度交易的操作方式。具体要求如下：

市场主体准入：发电企业包括统调光伏、风电等省内可再生能源机组，参与交易项目为平价风、光项目。

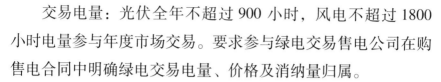

交易电量：光伏全年不超过 900 小时，风电不超过 1800 小时电量参与年度市场交易。要求参与绿电交易售电公司在购售电合同中明确绿电交易电量、价格及消纳量归属。

交易价格：省内统调风光绿电交易按照实际交易电价结算。带补贴的统调风光参与交易电量，不再领取补贴或绿证，可不计入全生命周期保障收购小时数。

交易组织：参与绿电年度交易的意向市场主体需在江苏电力交易中心系统填报需求。系统于 2021 年 12 月 18 日前发布市场主体名单和联系方式。交易通过江苏电力交易平台组织，而不是通过"e 交易"APP 组织。

结算：一类用户、售电公司的绿电交易电力及消纳电网代购电量优先结算，交易电量月结月清。

风光项目的月上网电量低于绿电月度计划或用户低于月度计划以致多笔合同不能同时全部兑现时，按绿电交易合同分月电量比例拆分每笔交易上网侧和用户侧可结算电量后取小结算。

绿证：江苏交易中心负责出具绿电交易电量、价格等交易结果及消纳凭证。一类用户根据结算电量申请消纳凭证；售电公司根据合同申报二类用户绿电消纳量，申报总量不得超过实际结算量。二类用户消纳凭证由售电公司发起，用户确认，在系统冻结不得转让或开具给其他用户。

交易结果：年度交易，2021 年 12 月 13～17 日，江苏年度双边交易同期进行绿电交易，总成交电量 2647 亿千瓦时，成交均价 466.69 元/兆瓦时；绿电成交电量 9.24 亿千瓦时，占总电量比例仅 3%，成交均价 462.88 元/兆瓦时，低于总均价 4 厘，并未体现绿电环境价值，与市场预期差异明显。

3 月月度交易：2022 年 2 月 16 日，江苏组织 3 月绿电双边交易，共 6 家风光企业，1 家一类用户，11 家售电公司参与，共 15 笔交易成交电量 0.53 亿千瓦时，交易均价 464.98 元/兆瓦时。低于年度总成交均价 1.5 厘，高于年度绿电均价 2 厘，低于 3 月江苏集中竞价 468 元/兆瓦时 3 厘。

6.5 南方电网五省《南方区域绿色电力交易规则（试行）》

为贯彻落实国家发改委、国家能源局《关于加快建设全国统一电力市场体系的指导意见》等文件要求，加快推进南方区域绿色电力交易机制建设，南方区域各电力交易机构联合编制了《南方区域绿色电力交易规则（试行）》。规则指出，南方区域绿色电力交易的市场成员包括电网企业、发电企业、售电公司、电力用户等市场主体和电力交易机构、电力调度机构、国家可再生能源信息管理中心等市场运营机构。按照市场角色分为售电主体、购电主体、输电主体和市场运营机构。

参与绿色电力交易的售电主体主要是符合绿证发放条件的风电、光伏等可再生能源发电企业，现阶段主要是集中式陆上风电、光伏。根据市场建设发展需要，售电主体可逐步扩大至符合条件的水电企业以及其他可再生能源发电企业。

参与绿色电力交易的购电主体是电力用户或售电公司，其中，售电公司参与绿色电力交易，应与有绿色电力需求的零售用户建立明确的代理关系。电网企业落实国家保障性收购或代理购电政策的，可以作为购售电主体参与绿色电力交易。适时引入分布式电源、电动汽车、储能等市场主体参与绿色电力交易。

绿色电力交易分为直接交易和认购交易两种形式，直接交易是指电力用户或售电公司直接与发电企业依据规则开展交易、形成交易结果的过程。认购交易是指由电网企业代理购电的电力用户在绿色电力供应范围内、通过电网企业供电或代理购电的方式、与发电企业建立认购关系获得绿色电力的过程。

绿色电力价格由电能量价格和环境溢价组成，分别体现绿色电力的生产运营成本、环境属性价值。绿色电力交易价格根据市场主体申报情况通过市场化方式形成。按照保障收益的原则，参考绿色电力供需情况，合理设置绿色电力交易价格的上限、下限。

绿色电力的环境溢价，可以作为绿证认购交易的价格信号，形成的收益同步传至发电企业，不参与输配电损耗计算、不执行峰谷电价政策。绿色电力交易按照"年度（含多月）交易为主、月度交易为补充"的原则开展交易，鼓励年度以上多年交易。

第7章

企业可再生能源市场化采购的一般流程

7.1 企业参与可再生能源市场化交易的条件

根据《电力中长期交易基本规则》（以下简称《中长期规则》）、《绿色电力交易试点工作方案》（以下简称《工作方案》）和各省份绿色电力交易公告，绿色电力交易的购电方的条件为已在各省份电力交易平台完成市场成员注册的电力用户和售电公司，市场准入条件包括以下几个：

7.1.1 电力用户市场准入基本条件

电力用户市场准入需要具备以下基本条件：

（1）符合电网接入规范，满足电网安全技术要求，与电网企业签订正式供用电协议（合同）；

（2）经营性电力用户的发用电计划原则上全部放开，根据电力市场化改革情况，坚持规范有序的原则设定一段时间的过渡期。不符合国家产业政策的电力用户暂不参与市场化交易，产品和工艺属于淘汰类和限制类的电力用户严格执行现有差别电价政策；

（3）拥有自备电厂的用户应符合国家关于市场准入的政策规定。其中，拥有燃煤自备电厂的用户应当按国家规定承担政府性基金及附加、政策性交叉补贴；

（4）具备相应的计量能力或者替代技术手段，满足市场计量和结算的要求；

（5）符合省政府有关部门制定的其他准入条件。鼓励优先购电的电力用户自愿进入市场。

7.1.2　省级交易中心市场注册

电力用户在所在省份电力交易中心按要求提交注册材料办理注册手续，入市申报名称、营业执照等基础档案信息，要与电网企业结算档案信息保持一致。

7.1.3　绿色电力交易试点用户要求

参与绿色电力交易试点用户需在"e–交易"平台注册。电力用户在北京电力交易中心运营的"e–交易"平台按要求提交注册材料办理注册手续，并在"e-交易"完成手机盾绑定。

7.2 绿色电力交易试点省份交易类型与流程

针对江苏、浙江等绿电交易试点省份，根据《工作方案》，绿色电力交易初期优先组织未纳入国家可再生能源电价附加补助政策范围内的风电和光伏电量参与交易。交易方式按对应省份无补贴新能源项目装机规模可分为电力直接交易方式和通过电网企业代理购买两类。

7.2.1 电力直接交易方式

在对应省份无补贴新能源项目装机规模较大的省份，以省内双边协商交易为主，售电方为省内新能源企业，购电方为完成电力交易中心注册的电力用户和售电公司。交易电量和价格为发电企业上网侧电量和价格。具体有以下几个方面：

（1）交易申报：发电侧在"e-交易"平台申报自主协商的交易电量和电价，电力用户和售电公司对售电方申报的数据进行确认。购售双方可在"e-交易"平台选择典型负荷曲线交易也可自主协商送受电曲线，在交易平台申报确认后形成交易曲线。

（2）交易出清：交易结果由双方在"e-交易"平台确认

后形成。申报结束后，由省级电力交易中心将交易结果提交调度机构安全校核，安全校核不通过时，按等比例原则出清形成最终交易结果。

（3）合同签订：绿色电力交易签订电子合同，采用"交易承诺书＋交易公告＋交易结果"的方式。交易结果在 e－交易平台一经发布，电子合同即为成立。

（4）交易结算：绿电交易电量优先结算，月结月清。电力交易中心依据绿色电力交易结算结果将绿证（由国家可再生能源信息管理中心核发）分配至售电公司和电力用户。绿电交易实际结算的绿色权益与合同约定产生偏差时，按照购售双方在 e－交易平台签订的《绿电权益偏差条款》执行。

电力用户结算电价＝交易价格＋输配电价＋辅助服务费用＋政府性基金及附加。

7.2.2　通过电网企业代理购买

在对应省份无补贴新能源项目装机规模有限的省份，省级电网企业作为代理方，发布其拟出售的保障收购绿色电力产品电量、电价，本省电力用户作为购电方申报绿色电力购买需求，包括电量、电价，以集中竞价方式开展省内交易。

用户侧电量电价由交易电价、电网输配电价、辅助服务费用、政府性基金及附加等构成。

（1）交易申报：购电方通过在 e－交易完成手机盾绑定后，在规定时间内，通过 e－交易平台申报绿色电力需求，内容包括交易执行期内的电量和电价。代理方根据用户申报情况、发电侧情况以及输电通道限额，通过 e–交易平台提交预申购电量。

（2）交易出清：e–交易平台依据用户申报信息，以统一边际电价法、按照预申购电量进行预出清，用户申报价格从高到低排列，满足省间预申购电量最低价格为统一边界出清价格，存在多个边际用户时，按照申报电量等比例分配。

（3）合同签订：绿色电力交易签订电子合同，采用"交易承诺书＋交易公告＋交易结果"的方式。交易结果在 e–交易平台一经发布，电子合同即为成立。

（4）交易结算：绿电交易电量优先结算，月结月清。电力交易中心依据绿色电力交易结算结果将绿证（由国家可再生能源信息管理中心核发）分配至售电公司和电力用户。绿电交易实际结算的绿色权益与合同约定产生偏差时，按照购售双方在 e–交易平台签订的《绿电权益偏差条款》执行。

7.3　非试点地区交易流程

针对新疆、山西等非绿电交易试点区域，且已开放可再生能源参与市场化交易的省份，绿色电力交易按照《中长期规则》相关政策，通常以年度中长期双边协商方式开展。

（1）交易申报：每年 12 月，各省份电力交易机构通过电力交易平台发布次年双边交易公告，允许光伏发电、风电等可再生能源发电企业作为市场主体参与交易，并明确年度双边交易申报起止时间。

电力用户与售电公司就绿电交易电量、价格等交易内容，通过双边协商方式，签订零售侧年度双边交易意向协议。售电公司根据电力用户绿电采购需求，与可再生能源发电企业通过双边协商方式，签订批发侧年度双边交易意向协议。

各市场主体达成年度双边交易意向协议，需要在年度双边交易申报截止前，通过电力交易平台向电力交易机构提交意向电量。

（2）交易出清：电力交易机构在交易申报截止后2个工作日内完成交易意向电量的审查、汇总、计算，确定分机组意向电量，转送电力调度机构进行安全校核。电力交易机构在接到电力调度机构安全校核结果的下一个工作日将双边交易结果向所有市场主体公开发布。

市场主体对交易结果无异议的，应当在结果发布当日通过电力交易平台返回成交确认信息，逾期未提出异议的，电力交易平台自动确认成交。

（3）合同签订：参与绿电市场化交易的电力用户、售电公司等市场成员应当根据交易结果，参照合同示范文本签订购售电合同。购售电合同中应当明确购电方、售电方、输电方、电量（电力）、电价、执行周期、结算方式、计量方式和偏差电量计算、违约责任、资金往来信息等内容。

（4）交易结算：电网企业按合同约定时间完成可再生能源发电企业和电力用户抄表后，及时将结果送至电力交易机构。电力交易机构负责对电量、电价进行清分，并将结果及时发送电网企业进行电费结算。

电力用户向电网企业缴纳电费，并由电网企业承担电力用户欠费风险；售电公司按照电力交易机构出具的结算依据与电网企业进行结算；可再生能源发电企业上网电量电费由电网企业支付。

第8章

绿色电力证书

为倡导绿电消费、促进清洁能源消纳、逐步完善风电和光伏发电的补贴机制，降低可再生能源发电企业对补贴的依赖，我国于 2017 年 7 月启动了绿色电力证书自愿认购交易平台，鼓励各级政府机关、企事业单位、社会机构和个人在平台上自愿认购绿证，作为消费绿电的证明。

在试行阶段，绿证仅针对符合要求的陆上风电、光伏发电项目（不含分布式光伏发电）的上网结算电量发放，1 个证书对应 1 兆瓦时结算电量。发电企业出售绿证后，相应的电量不再享受国家可再生能源电价附加资金的补贴。绿证认购价格由买卖双方自行协商或者通过竞价确定，但不得高于证书对应电量的可再生能源电价附加资金补贴强度。

8.1 绿证自愿认购交易涉及的主要参与方

8.1.1 国家能源局

监管绿证核发与自愿认购活动；组织派出机构和国家可再生能源信息管理中心等相关机构对影响证书认购秩序的事件进行调查。

8.1.2 国家可再生能源信息管理中心

审核证书核发资格申报材料；复核企业项目的合规性和月度结算电量；按照国家能源局相关管理规定，通过可再生能源发电项目信息管理平台向符合资格的发电企业核发绿证；建设和运行绿色电力证书自愿认购交易平台；定期统计并向全社会发布绿证的出售和认购信息。

8.1.3 可再生能源发电企业

通过可再生能源发电项目信息管理平台向国家可再生能源信息管理中心申请绿证权属资格；在认购平台挂牌出售绿证。

8.1.4　绿证认购方

政府机关、企事业单位和自然人等，可在认购平台自由购买挂牌出售的证书。

8.1.5　电网企业

负责补贴核减工作，并协助做好发电项目结算电量的复核。

8.2　核发交易机制

8.2.1　绿色电力证书核发机制

目前，我国的绿色电力证书核发工作由国家可再生能源信息管理中心负责，核发对象为陆上风电和集中式光伏电站。证书的内容主要包括：发电企业的名称、可再生能源的种类、发电的技术类型、生产日期、证书交易的范围、用以标识的唯一编号等。根据认证项目不同，绿色电力证书分为补贴证书和平价证书两大类。

8.2.2　绿色电力证书价格机制

补贴证书和平价证书在定价机制上有所不同。考虑到解决财政补贴缺口的功能定位，补贴证书定价采取"以补定限，自由竞价"的模式，即买卖双方可通过自行协商或集中定价的方式确认补贴证书价格，最高不超过项目度电补贴金额，属于半市场化机制。平价证书的定价机制则更为市场化，其定价参考项目的度电成本、环境效益等因素，由买卖双方自由商议确定，不设上下限，目前在平台上常规交易价格为50元。

8.2.3　绿色电力证书交易机制

现阶段，我国绿色电力证书交易主要以自愿交易为主，由国家可再生能源信息管理中心负责组织实施。国内绿色电力证书自愿认购渠道有中国绿色电力证书认购交易平台网站、微信公众号两种。绿色电力证书自愿交易完成后，采取"电证分离"的形式进行绿色电力证书的权属转移，与电量交易无关。

第9章

碳 交 易

9.1 碳交易机制概述

9.1.1 碳排放权交易概念

众多企业采购绿色电力的需求之一是与碳减排目标实现联动，因此绿电体系和碳交易体系的互动也是行业共同关注的热点。2020年我国提出"3060"的双碳战略目标，建立 1+N 双碳政策体系。在施行的碳交易机制中应用最广泛的就是总量管制及交易制度（cap and trade system），它的目的是将环境要素成本化，通过碳排放权交易实现环境资源的有效配置，从而实现系统整体碳减排成本的最小化。碳排放权交易的概念源于排污权交易，这是一种被广泛用于大气污染和河流污染管理的环境经济政策，其基本做法为：政府机构评估出一定区域内满足环境容量的污染物最大排放量，并将其分为若干排放份额。政府将排污权在一级市场上进行有偿或无偿出让给排污者，由排污者自行在二级市场上将排污权进行买入或卖出。在碳排放权交易中，通过碳排放权总量控制和交易机制形成的碳价格，实质上反映了不同单位减排能力的强弱，价格信号能寻找到成本效率最高的减排区域，从而激励相应主体开展节能减排行动。

9.1.1.1　全球碳排放权交易体系现状

目前，全球已经建立了 25 个碳排放权交易体系，如美国区域碳污染减排计划（The Regional Greenhouse Gas Initiative，RGGI）、澳大利亚新南威尔士州温室气体减排体系（The New South Wales Greenhouse Gas Abatement Scheme，NSWGGAS）、中国碳排放交易市场等，覆盖了全球 15% 以上的温室气体排放，市场价值超过 540 亿美元。其中，欧盟碳排放权交易系统（European Union Emissions Trading System，EUETS）是规模最大的限额与交易计划，贡献了 50% 以上的全球碳市场。

9.1.1.2　中国碳排放权交易体系试点综述和比较

与欧盟自上而下的跨成员国排放交易体系不同，中国的碳排放交易市场采取了"先试点后推广"的自下而上的发展思路。2011 年，国家发改委应对气候变化司发布了《国家发展改革委办公厅关于开展碳排放权交易试点工作的通知》，宣布在北京、天津、上海、重庆、广东、湖北和深圳 7 个省市施行碳排放交易试点，推动运用市场机制以较低成本实现 2020 年控制温室气体排放行动目标。

"碳排放权"是指企业依法取得向大气排放温室气体（二氧化碳等）的权利。经当地发改委核定，企业能够取得一定时期内"合法"排放温室气体的总量，这一分配的总量即为企业配额。[①] 若企业实际排放量较多，超过发放配额时，需要在碳排放交易市场上向其他企业花钱购买配额；若企业实际排放较少，则可以将结余的碳排放权配额在碳交易市场上出售。2013 年 6 月至 2014 年 6 月，各试点区域碳排放权交易陆续启动，共纳入控排企业和单位 1900 多家，分配碳排放配额约 12 亿吨。截至目前，各试点履约率不断上升，试点范围内碳排放总量和碳强度出现双降趋势。

目前，七个试点省市基本都采用以免费发放为主，以拍卖或固定价格出售等有偿发放为辅的配额分配方式。除重庆外，试点省市在相关规范性文件中对有偿分配均作了规定，虽然在具体方式上措辞不一，但有偿分配基本都指拍卖方式。目前仅上海、湖北、广东、深圳进行了配额拍卖实践，其中广东进行的拍卖次数最多。在核心拍卖方式的选择上，这些试点省市都选择了统一价格的封闭拍卖方式，即在设立拍卖底价的基础上组织一轮封闭集中报价，在底价之上的报价均为有效报价。

---

① 生态环境部规章：碳排放权交易管理办法（试行）［R］. 中华人民共和国生态环境部，2020 - 12 - 31.

9.1.2　推进全国碳排放权交易市场建设的意义

针对气候变化的治理行动需要世界各国的协商合作。作为最大的发展中国家，中国在经济快速发展的同时导致了二氧化碳排放剧增，所需承担的减排责任也愈发重大。从碳排放总量来看，中国从 2005 年起超越美国，成为全球碳排放总量最大的国家，2014 年碳排量总量在全球占比达到 28.5%。从人均碳排放来看，2001～2011 年中国人均碳排放上升较快，并于 2006 年起高于世界平均水平。2020 年 9 月，习近平总书记在第七十五届联合国大会一般性辩论上提出中国碳达峰、碳中和的时间表，即二氧化碳排放力争于 2030 年前达到峰值，努力争取 2060 年前实现碳中和。[①]

从发展意义上看，应对气候变化问题的核心在于转变经济发展方式，在追求经济增长的同时兼顾对环境资源的合理利用。当前来看，绿色低碳循环发展已成为中国社会主义新时代落实可持续发展的主要路径，加快构建绿色低碳循环发展经济体系的要点之一在于全面完善绿色低碳循环发展的市场激励机制，加强绿色投融资机制建设。而推进全国碳排放权交易市场建设，并协调好用能权交易、排污权交易等相关市场构建，能够为绿色低碳发展建立更高质量的正确价格信号体系。

---

① 习近平. 在第七十五届联合国大会一般性辩论上的讲话［N］. 新华社，2020 - 09 - 20.

目前来看，碳排放权交易体系这一最有效的减排经济机制在实践中尚存在市场价格信号不明确、主体自主交易动力不足等问题。如何明晰碳排放权的资源本质、合理分配碳排放权初始配额、完善碳市场定价及交易规则设计等重大问题亟待更深层次的探讨，以更好推动碳排放交易市场的效率提升，建立稳定的碳排放权交易机制，从而在短期内实现碳中和目标，在长期实现绿色低碳循环经济发展。

我国于2017年末启动全国碳排放交易体系（ETS）。自2013年以来，ETS试点项目已在几个省市陆续展开，全国统一碳市场已经从2021年开始实施，目前只覆盖电力行业，并逐步扩展到其他行业。中国ETS与全球其他的国家或地区计划的一个主要区别在于，其旨在以排放速率而非排放量义务为基础。在基于排放速率的计划中，会测量和控制碳排放强度（通常以每兆瓦时发电量的公吨二氧化碳排放量为单位）；而在基于排放量的计划中，会测量和控制总排放量（例如以公吨二氧化碳总排放量为单位）。在这两种体系中，只有施行了核算机制，自愿客户才能作出与其可再生能源利用情况相关的可信碳减排声明。

9.2　CCER体系背景及发展历程

9.2.1　CCER和前身CDM机制

提到碳交易中的自愿减排体系，就要从具有里程碑意义的

CDM 机制开始。1997 年在日本京都召开的《联合国气候变化框架公约》第三次缔约方大会上通过的《京都议定书》（Kyoto Protocol），旨在限制发达国家温室气体排放量以抑制全球变暖的国际性公约，首次以国际性法规的形式限制温室气体排放。《京都议定书》建立了三种旨在减排温室气体的灵活合作机制，国际排放贸易机制（International Emissions Trading, ET）、联合履约机制（Joint Implementation, JI）和清洁发展机制（Clean Development Mechanism, CDM），其中，ET、JI 两种机制是发达国家之间实行的减排合作机制，CDM 是发达国家与发展中国家之间的减排机制，主要是由发达国家向发展中国家提供额外的资金或技术，帮助实施温室气体减排。

CDM 旨在帮助发展中国家通过本地减排项目的建设运营获得国际碳交易收益，同时协助发达国家获得边际减排成本更低的排放减量权证（CER）以满足框架协议下的环境控制目标。2004 年 7 月，国家发改委印发了《清洁发展机制项目运行管理办法》，提出我国清洁发展机制项目实施的优先领域、许可条件、管理和实施机构、实施程序以及其他相关安排，并于 2005 年 10 月 12 日开始实施。

从 2005 年至 2012 年，我国 CDM 注册项目数量大幅增长，然而从 2013 年开始，欧盟碳排放交易体系进入第三阶段，规定可抵消的 CER 需来自最不发达国家且抵消比例遭到大幅削减。与此同时，《京都议定书》第一承诺期于 2012 年结束，且美国在气候变化政策上的反复，使得全球气候变化控制的进展遭到阻滞，CDM 市场需求急剧萎缩。

面对国际碳减排合作的停滞和国际核证自愿减排市场的萎缩，我国于 2012 年启动了中国核证自愿减排项目，并与同期建立的地方试点碳市场进行联动，允许地方市场的控排企业使用一定比例的 CCER 信用抵消，中国核证自愿减排量（Chinese Certified Emission Reduction，CCER）即中国的 CER。根据生态环境部在《碳排放权交易管理办法（试行）》中的定义，CCER 是指对我国境内可再生能源、林业碳汇、甲烷利用等项目的温室气体减排效果进行量化核证，并在国家温室气体自愿减排交易注册登记系统中登记的温室气体减排量。

CCER 发展的整个过程如图 9 – 1 所示：

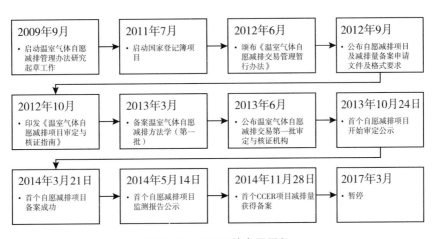

图 9 – 1　CCER 的发展历程

CCER 体系于 2012 年 6 月随着国家发展改革委发布的《温室气体自愿减排交易管理暂行办法》（以下简称《暂行办法》）正式启动，于 2017 年 3 月随着对该《暂行办法》的启动修订而暂停，总共运行了五年时间。（暂停时有 592 个项目压在流程上）五年间共计有 2856 个 CCER 项目被开发，其中完成项目备案的有 1047 个，完成减排量备案的有 254 个，CCER 累计签发量约为 5300 万吨。

9.2.2　CCER 抵消机制及需求

目前，我国碳交易市场有两类基础产品：一类为政府分配给企业的碳排放配额；另一类为国家核证自愿减排量（CCER）。按照全国碳市场建设方案，在全国碳市场稳定运行时将引入 CCER，并将其作为一种基础产品参与交易。控排企业为达成减排目标不仅可以直接购买碳配额，也可以购买CCER，抵消自身碳排放。

CCER 因其来自自愿减排项目具有更低的减排成本和交易价格，因此自 2012 年推出以来备受控排企业青睐，被广泛用于地方试点市场的清缴履约，如今也成为全国碳市场所鼓励的有效履约手段，因而具有市场交易价值。中国是 CDM 下主要的抵消信用提供方。在该领域所获得的经验帮助中国积累了碳市场领域的专业知识，这些专业知识对于中国在七个省市开展碳排放权交易试点具有积极影响。所有七个试点省市均考虑使用中国核证自愿减排量（CCER）（见表 9 - 1）。

中国所有碳排放交易体系试点均对可用于达到履约目的的抵消信用的类型、产生日期、地理范围及数量设定了限制。这些限制反映了许多担忧，其中包括防止重复计算以及确保CCER 不会在市场泛滥。

表 9 - 1 中国试点碳排放交易体系内 CCER 的使用方式

试点	抵消信用类型	使用规则	地域限制	时间限制
深圳	CCER	不超过年度配额量的10%	不包含纳入企业边界范围内产生的核证减排量	CCER 必须来自现有或已规划的可再生能源和新能源项目、清洁交通减排项目、海洋固碳项目、林业碳汇项目或农业减排项目
上海	CCER	不超过年度配额量的5%	不包含纳入企业边界范围内产生的核证减排量	2013 年 1 月 1 日后实际产生的减排量
北京	CCER：经审定的北京节能项目碳减排量、林业碳汇项目碳减排量	不超过年度配额量的5%	北京市辖区外项目产生的 CCER 不得超过其当年 CCER 总量的50%，优先使用河北省和天津市等与本市签署相关合作协议地区的 CCER	2013 年 1 月 1 日后实际产生的减排量；非来自减排氢氟碳化物（HFCs）、全氟化碳（PFCs）、氧化亚氮（N_2O）、六氟化硫（SF6）气体的项目及水电项目的减排量
广东	CCER	不超过年度核证排放量的10%	70%以上 CCER 来源于广东本省项目	对任一项目，二氧化碳、甲烷减排占项目减排量50%以上；水电项目以及化石能源（煤、油、气）的发电、供热和余能利用项目除外；来自清洁发展机制前项目的 CCER 除外
天津	CCER	不超过年度核证排放量的10%	优先使用京津冀地区产生的 CCER。不包括天津及其他省市试点项目纳入企业产生的 CCER	2013 年 1 月 1 日后实际产生的减排量，仅来自二氧化碳气体项目；不包括水电项目的减排量
湖北	CCER	不超过年度配额量的10%	所有 CCER 均来自湖北省省内项目	仅限小型水电类项目
重庆	CCER	不超过年度碳排放量的8%	无	减排项目应当于 2010 年 12 月 31 日后投入运行（森林碳汇项目不受此限）；水电项目除外

全国碳市场对于碳信用抵销的限制条件较地方试点市场更为宽松，没有项目类型和项目地域的限制，将有助于现有 CCER 减排量的快速消化。2021 年 1 月 5 日，生态环境部公布《碳排放权交易管理办法（试行）》自 2021 年 2 月 1 日起施行，其中第二十九条：重点排放单位每年可以使用国家核证自愿减排量抵销碳排放配额的清缴，抵销比例不得超过应清缴碳排放配额的 5%。相关规定由生态环境部另行制定。用于抵销的国家核证自愿减排量，不得来自纳入全国碳排放权交易市场配额管理的减排项目。2021 年 10 月 26 日，生态环境部发布《关于做好全国碳排放权交易市场第一个履约周期碳排放配额清缴工作的通知》，对可用 CCER 的产生时间做了进一步说明，"因 2017 年 3 月起温室气体自愿减排相关备案事项已暂缓，全国碳市场第一个履约周期可用的 CCER 均为 2017 年 3 月前产生的减排量"。

碳市场按照 1∶1 的比例给予 CCER 替代碳排放配额，即 1 个 CCER 等同于 1 个配额，可以抵销 1 吨二氧化碳当量的排放。中国节能协会碳中和专业委员会预计，按照 5% 的碳排放配额抵消比例，全国碳市场初期每年 CCER 需求量约为 1.65 亿吨，而 2017 年 3 月前的存量仅 5300 万吨。从北京绿色交易所预测来看，未来全国碳市场扩容至八大行业后，纳入配额管理的碳排放总额规模将达到每年 70 亿~80 亿吨，届时 CCER 需求将达到每年 3.5 亿~4 亿吨。因此 CCER 的缺口是巨大的，短期内 CCER 将是供不应求的状态。

9.2.3　CCER 重启的信号

2021 年 1 月 5 日，生态环境部公布《碳排放权交易管理办法（试行）》，对全国碳排放权交易市场履约抵销政策进一步明确（重点排放单位每年可以使用国家核证自愿减排量抵销碳排放配额的清缴，抵销比例不得超过应清缴碳排放配额的 5%）自 2021 年 2 月 1 日起施行，确定了 CCER 在碳市场中的合法地位。

2021 年 7 月 16 日全国碳排放权交易正式上线，明确交易中心设在上海，登记中心设在武汉，自愿减排（CCER）交易中心则定位在北京。

2021 年 8 月 6 日，北京绿色交易所公开对"全国温室气体自愿减排注册登记系统"（以下简称"注册登记系统"）及"中国温室气体自愿减排交易体系"（以下简称"交易系统"）进行招标。最终金证科技以 800 万中标 CCER 注册登记系统建设、恒生电子以 807 万摘得 CCER 交易系统开发权。此次全国自愿减排相关系统的招标启动意味着 2022 年 3 月《北京市关于构建现代环境治理体系的实施方案》中提出的"北京将承建全国温室气体自愿减排管理和交易中心，并推动建设国际绿色金融中心"正在落地；也意味着风光等新能源项目将重启 CCER 申报，通过参与碳市场获取交易收益。

2021 年 9 月 29 日，北京绿色交易所又公开招标采购 CCER 交易系统配套硬件及系统集成的招标（"全国温室气体自愿减排交易系统硬件采购、正版软件授权及集成"招标公告），采购预算约 2260 万元。密集的采购，近 4000 万元的投入，CCER 相关工作推进效率超乎行业预期。

2021 年 11 月，北京市发改委在《北京市"十四五"时期现代服务业发展规划》中提出将高水平建设北京绿色交易所，承建全国自愿减排 CCER 交易中心。

2021 年 1 月 1 日起，全国碳市场首个履约周期正式启动，涉及 2225 家发电行业的重点排放单位。10 月 26 日，生态环境部发布《关于做好全国碳排放权交易市场第一个履约周期碳排放配额清缴工作的通知》，明确 2021 年 12 月 31 日前全部重点排放单位完成履约，并组织有意愿使用 CCER 清缴的单位抓紧开立 CCER 注册登记账户和交易账户，尽快完成 CCER 购买并申请注销。对此，北京、上海、广州等地纷纷开通 CCER 注册登记、交易账户开立，CCER 关注度随之持续上升，CCER 市场交易持续活跃。以天津排放权交易所为例，12 月 CCER 成交量为 914.9 万吨，创交易所历史最高纪录，如图 9-2 所示。

2022 年 1 月 5 日，河北省人民政府发布《关于完整准确全面贯彻新发展理念认真做好碳达峰碳中和工作的实施意见》（以下简称《意见》），这是全国首份省级层面的"双碳"工作实施意见。《意见》提出，积极组建中国雄安绿色交易所，推动北京与雄安联合争取设立国家级 CCER 交易市场。

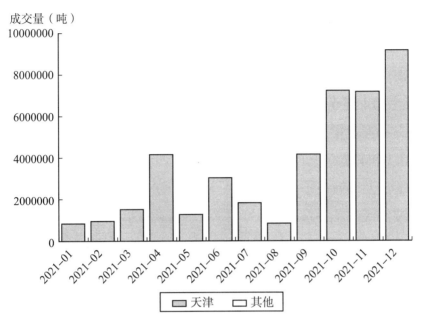

成交量（吨）

图 9 - 2　天津排放权交易所 2021 年 1～12 月 CCER 的成交量

另外，生态环境部正在组织修订《温室气体自愿减排交易管理暂行办法》，据悉很快就会公开征求意见，同时《碳排放权交易管理暂行条例（草案修改稿）》已公开征求意见。

2022 年北京冬奥会全面实现碳中和。具体举措除了从源头减少碳排放，还应积极拓展碳补偿渠道，包括涉奥企业赞助核证自愿减排量（CCER）。2021 年 12 月，中国石油就向北京冬奥组委赞助了 20 万吨 CCER，助力实现碳中和。借助"绿色冬奥"契机，据业内人士透露，CCER 项目的备案和减排量签发将于 2021 上半年重启，林业、甲烷利用等项目核证审批后将成为可盈利的项目进入碳市场交易。

9.2.4 CCER 的项目类别、开发流程及预估重启时间

2012 年 6 月 13 日，国家发改委发布了《温室气体自愿减排交易管理暂行办法》，明确了申请 CCER 的项目应于 2005 年 2 月 16 日之后开工建设，且属于以下四种项目类别：（一）采用国家发展改革委备案的方法学开发的减排项目；（二）获得国家发展改革委员会批准但未在联合国清洁发展机制执行理事会或者其他国际国内减排机制下注册的项目；（三）在联合国清洁发展机制执行理事会注册前就已经产生减排量的项目；（四）在联合国清洁发展机制执行理事会注册但未获得签发的项目。

CCER 项目开发之前，需要通过专业的咨询机构对项目进行评估，判断该项目是否可以开发为 CCER 项目的主要依据是评估该项目是否符合国家主管部门备案的 CCER 方法学的适用条件以及是否满足额外性论证的要求。CCER 项目的开发流程在很大程度上沿袭了 CDM 项目的框架和思路，主要包括以下步骤，见图 9-3。

CCER 项目从编制项目设计文件 PDD 到最终减排量备案保守估计需要约 8 个月的时间。

根据 2021 年 10 月 26 日生态环境部发布的《关于做好全国碳排放权交易市场第一个履约周期碳排放配额清缴工作的通知》，重点排放单位应在当年 12 月 31 日前完成履约，CCER 可作为清缴配额用于履约。

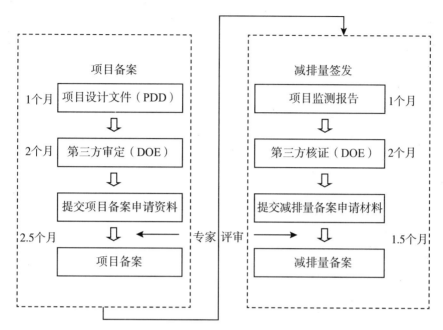

图 9 - 3　CCER 的项目开发全流程

考虑到 2017 年 3 月之前的 CCER 存量只有 5300 多吨，而且多数已在第一个履约周期内使用抵消，而 CCER 的全程开发周期大概需要 8 个月的时间，全国碳市场第二个履约周期应在 2022 年 12 月 31 日结束，所以笔者推断为了不影响重点排放单位使用 CCER 作为清缴配额用于 2022 年底前的履约，CCER 需要尽快重启才能满足市场需求。

9.2.5　CCER、绿电与绿证相互关系

绿电、绿证、CCER 三种交易机制的本质都为应对气候变化，落实"双碳政策"的市场机制手段。

9.2.5.1 绿电

绿色电力（以下简称"绿电"），其交易标的物是来自新能源发电企业的绿色电力产品，是在电力中长期市场体系框架内设立的一个全新交易品种。绿电的价格包含电能价值和环境价值溢价，因此绿电交易的政策目的有三点：一是，对于新能源发电企业而言，通过直接交易促进新能源发电消纳，并为新能源发电企业提供环境价值变现渠道。二是，对于电力用户而言，绿电交易既可以提供直接购买可再生能源电力的途径，帮助企业完成可再生能源消纳责任，又可以帮助企业树立企业形象，在对外出口或向有绿电消纳比例要求的采购方供货时增强企业竞争力。三是，对于电力市场而言，绿电交易市场的建立，可以为新能源发电发展营造良好的市场氛围，极大地推动了电力消费结构优化。绿电交易属于直接激励可再生能源发展、提升消纳水平的手段之一。绿电有清洁、零碳的属性，但目前并不具备碳的产权。

9.2.5.2 绿证

绿色电力证书（以下简称"绿证"），是国家对发电企业每兆瓦时非水可再生能源上网电量颁发的具有独特标识代码的电子证书，是非水可再生能源发电量的确认和属性证明以及消费绿色电力的唯一凭证。

绿证交易的制度目的有两点：一是鼓励新能源发电企业通过进行绿证交易获取额外资金收益，尤其对于存量项目而言，可通过出售绿证的收益替代补贴资金,从而减少可再生能源补贴压力。二是在可再生能源消纳责任配额制出台之后,与配额制相结合,作为企业完成消纳配额的替代性手段之一。

绿证制度旨在直接激励新能源发电的发展、提升消纳水平。绿证同样具备了清洁、零碳的属性,但目前也不具备碳的产权。

9.2.5.3 CCER

CCER 作为全国碳排放权交易市场中的补充机制,可以抵消碳排放配额的清缴。CCER 有两个目的:一是作为碳配额交易的补充,给重点控排企业提供配额交易之外的履约方式,有助于企业完成碳排放履约。二是由于 CCER 的卖方主要包括可再生能源、林业碳汇、甲烷利用等项目的业主,CCER 交易为以上卖方业主提供了环境价值变现的渠道,起到了对主要减排方式的激励作用。

此外,《大型活动碳中和实施指南(试行)》中也规定了"用于抵消大型活动温室气体排放量的碳配额或碳信用,应在相应的碳配额或碳信用注册登记机构注销。已注销的碳配额或碳信用应可追溯并提供相应证明,其中就包括了 CCER,因此目前的碳权仅可属于 CCER。

绿证与绿电之间的区别主要在于购买绿电属于直接消纳新能源电力,而绿证则是消纳新能源电力的间接证明。绿电和 CCER 最本质的差别在于:绿电具有零碳属性,购买绿电意味着企业外购电力对应的碳排放量几乎为零,企业本身的碳排放量因购买绿电而减少。而 CCER 则是一种拟制的抵消机制，对于购买 CCER 的企业来说，其本身产生的碳排放量没有减少，只是在履约核算时减去了 CCER 对应的碳排放量，绿电相比 CCER 而言，环境价值更为纯粹。

在交易方面，我国目前的绿证不允许二次交易，也暂未出现以绿证为标的物的抵押、质押等融资手段。而 CCER 则不限制交易的次数，并且存在基于 CCER 的多种融资方式。

在定价机制方面，CCER 的定价受市场供需关系影响较大，而绿证的定价则主要取决于补贴强度，平价绿证的价格从目前来看维持在 50 元/张的均价，受供需影响不明显。

在碳减排量的对应层面，虽然绿证上也有注明绿证相当于减排一定量的二氧化碳和其他温室气体，但这一减排量并不像 CCER 一样具有抵消企业碳减排总量的作用，也无法进入碳交易市场进行交易。

当碳排放配额价格升高到高于绿电溢价时，购买绿电比购买碳配额更为经济划算，那么购买绿电就可以成为企业节省购买碳排放配额所需支出的直接途径。但是从当下的电力碳排放核算方法来看，目前的企业外购电力碳排放核算中各省仍采用统一的电网排放折算因子进行计算，企业外购绿电并不能直接使其在碳排放量核算时享受益处，无法充分激发纳入碳排放配额管理的绿电购买需求，也就无法通过扩大需求来刺激新能源发电项目的发展。

9.2.6 CCER 重启后需关注的问题

根据前期 CCER 交易抵消使用情况，CCER 交易需要进一步完善抵消管理规则和交易流程，使之具有完整性、统一性和连续性，全国应统一交易和监管办法，并允许交易不受地域限制、市场不要人为割裂，要保持交易信息透明度，使购销双方都能够对市场行情进行准确预判，从而提高合约签约率，提高合约履约率，缩短合约履约周期，加快 CCER 周转速度。

由于国家相关部门在 2017 年 3 月暂停了 CCER 核发工作，目前市场存量有限，而且多数已在第一个履约周期内使用抵消，而 CCER 的全程开发周期大概需要 8 个月的时间，所以推断为了不影响重点排放单位使用 CCER 作为清缴配额用于2022年底前的履约，CCER 需要在 2022 年 4 月前重启。

目前《温室气体自愿减排交易管理办法》正在修订中，据知情人士透漏，征求意见稿将于近期发布，对 CCER 的准入条件较之前会有所调整，对申请项目的开工时间要求由之前的 2005 年 2 月 16 日调整为 2015 年 6 月 13 日，项目类别不再做具体规定，但是强调了碳排放权交易市场重点排放单位履约边界内实施的减排项目不得作为温室气体自愿减排项目。

根据 2021 年 1 月 5 日生态环境部发布的《碳排放权交易管理办法（试行）》，可用于抵消的 CCER 的项目类别包括可再生能源、林业碳汇、甲烷利用等项目。

CCER、绿电、绿证都代表了清洁电力的环境属性，对于

1 度的绿色电力，为了避免重复计算，无论以任何形式申明其环境属性，那么就不能再在其他任何场合申明环境属性。因此企业很有可能面临"三选一"的状况。

仅从目前价格来看，新能源企业做绿电交易会有更多的收益。但是电网的消纳能力有限，风能、太阳能发出来的电，电网没法全部承受，并且目前的储电能力有限。虽然 CCER 开发成本较高，开发周期较长，但 CCER 可全国流通，且可"储存"，在市场缺口高达 1 亿多吨的情况下，CCER 市场前景值得期待。

从 2022 年初开始，有关国家核证自愿减排量交易市场即将重启的消息频出。尤其受关注的是一直被认为利好于清洁能源产业，尤其是持有风电、光伏等可再生能源发电资产。但结合我国可再生能源发展现状和碳市场发展趋势，受 CCER 额外性等多重因素约束，未来常规可再生能源发电资产获得 CCER 签发难度较大。相关上市公司寄望依靠 CCER 交易市场重启显著提振业绩并不乐观。常规可再生能源发电项目将无法获得 CCER 签发。CCER 是未来全国碳市场项下唯二可交易的碳资产现货之一（另一种为"碳排放配额"），亦是全国碳市场建设重要的补充机制，国际通行将其定义为碳减排信用额。

根据 2021 年 2 月 1 日起施行的《碳排放权交易管理办法》（以下简称《管理办法》），国家核证自愿减排量（CCER）是指对我国境内可再生能源、林业碳汇、甲烷利用等项目的温室气体减排效果进行量化核证，并在国家温室气体自愿减排交易注册登记系统中登记的温室气体减排量。此外，重点排放单位每年可以使用国家核证自愿减排量（CCER）抵销碳排放配额的清缴，抵销比例不得超过应清缴碳排放配额的 5%。正因为此，拥有可再生能源、林业碳汇、甲烷利用等项目资产的企业，都希望通过获得 CCER 签发及其交易活跃且价格达到一定水平，为相关资产带来额外收益（收益率根据 CCER 价格浮动）。

虽然《管理办法》也将可再生能源项目纳入了 CCER 范畴，但未来一些曾获得过 CCER 签发的同类项目，却不一定能同样获得 CCER 签发。尤其是那些常规的、获得过各种形式补贴或者已实现平价的可再生能源发电项目。究其原因，其一，这些项目未来可能无法获得 CCER 额外性论证通过；其二，这些项目获得 CCER 签发，可能对全国碳市场的供（CCER、碳排放配额）需（碳排放配额清缴）关系及 CCER、碳排放配额价格处于合理区间产生不可控的影响。

目前我国 CCER 管理仍遵循 2012 年出台的《温室气体自愿减排交易管理暂行办法》（以下简称《暂行办法》）。根据《暂行办法》，CCER 应基于具体项目且具备真实性、可测量性和“额外性”。其中“额外性”的国际通行定义为：CCER 项目所带来的减排量相对于“基准线”是额外的，即这种项目及其减排量在没有外来 CCER 支持情况下，存在具体财务效益指标、融资渠道、技术风险、市场普及和资源条件方面的障碍因素，单靠项目自身难以克服。同时，根据《暂行办法》，CCER 项目的“基准线”“额外性”，应采用经国家主管部门备案的方法学（方法指南）予以确定及论证。

不同方法学的 CCER 额外性论证一般都包括"首个同类项目认证、障碍分析、投资分析和普遍性分析"四个维度（步骤）。经过这些举证、调查、论证，我们要分别确认、判断拟议项目的"基准线"，其是否存在商业化的障碍，投资收益是否低于相关标准，以及是否具有商业化前景。CCER 额外性论证要求发电行业的基准收益率不高于 8%，而大部分风电、光伏项目的内部收益率（IRR）都能超过 8%。即便是那些 IRR 低于 8% 的项目，他们或者得到过各种形式的补贴，或者实现了发电侧平价，即实质上都不存在商业化障碍（收益率已被市场认可），因此不符合 CCER 初衷，也不具有额外性。

在碳市场供需平衡的条件下，CCER 价格会与碳排放配额价格相互锚定，基本保持一致。而如果市场上 CCER 供给过多，出现供过于求情况，则会导致其价格下降，甚至影响碳排放配额价格，不利于碳市场的稳定。因此，从额外性的微观角度和市场供需的宏观角度来看，常规可再生能源发电项目未来获得 CCER 备案和签发可能性有限。不过，就全国碳市场建设而言，由于我国 CCER 签发自 2017 年 3 月起暂停已近 5 年，且全国碳市场也已开启第二个履约周期，市场不仅依赖于 CCER 市场化交易进一步完善价格发现机制，更迫切需要重启 CCER 签发满足碳排放配额清缴需求。2017 年 3 月 17 日，有关部门发布公告"暂缓受理温室气体自愿减排交易方法学、项目、减排量、审定与核证机构、交易机构备案申请"；在《暂行办法》施行中存在着温室气体自愿减排交易量小、个别项目不够规范等问题；同时规定，暂缓受理温室气体自愿减排交易备案申请，不影响已备案的温室气体自愿减排项目和减排量在国家登记簿登记，也不影响已备案的"核证自愿减排量（CCER）"参与交易[32]。由于前市场上的存量 CCER 为 2017 年 3 月前已签发且截至目前尚未核销的 CCER，所以数量规模有限。

末篇

绿电的身边故事

第 10 章

案　例　篇

10.1　2022 年北京冬奥会 100% 绿电

"张家口的风点亮北京的灯",随着张北至北京世界首条柔性直流电网工程全面投产,2022 年北京冬奥会所有场馆将在奥运历史上首次 100% 使用绿色电力。张北柔性直流工程是世界上首个输送大规模风电、光伏、抽水蓄能等多种能源的四端柔性直流电网,将把张家口地区的清洁能源送往京津冀地区。目前,来自张家口的风电、光伏电能等每年可向北京输送 140 亿千瓦时"绿电",是北京市年用电量的 1/10,其中包括直接满足北京冬奥会的北京、延庆两个赛区场馆用电需求,张家口赛区则是冬奥场馆就地消纳当地绿色电力。据测算,2022 年北京冬奥会期间,冬奥会场馆预计共消耗绿电约 4 亿度,预计可减少标煤燃烧 12.8 万吨，减排二氧化碳 32 万吨。

张北可再生能源柔性直流电网试验示范工程于 2018 年 2 月开工，2019 年 12 月完成建设任务。2020 年 6 月 25 日，该工程成功通过全面严格的调试试验和 168 小时试运行，并于 6 月 29 日正式投运。工程总投资 125 亿元，新建张北、康保、丰宁和北京 4 座换流站，额定电压 ±500 千伏，额定输电能力 450 万千瓦，输电线路长度 666 千米。其将张北新能源基地、丰宁储能电源与北京负荷中心可靠互联，大幅提升能源供给的清洁比重，为冬奥会提供坚强、充裕的绿色能源保障。

京能集团作为 2022 年北京冬奥会、冬残奥会绿色电力主要供应商，在京津冀地区建有大量绿色能源项目，风电和光伏等绿电总装机将近 190 万千瓦。从 2019 年下半年开始，以"零电价"向国家体育馆、国家游泳中心、五棵松体育中心、首都体育馆、延庆场馆群、北京冬奥组委办公区 6 个场馆（区）供应"绿电"。2022 年，京能集团承担冬奥场馆 8600 万千瓦时绿电，占全部总需求的 67%，极大降低了冬奥会办赛费用和场馆的运行成本，实现奥运场馆全绿色运行。

10.2　巴斯夫 PPA 绿电采购

2022 年 3 月，巴斯夫与国家电投根据广东省可再生能源交易规则签署了一份为期 25 年的可再生能源合作框架协议，为其位于广东省湛江市的新一体化基地后续装置采购可再生能源电力。巴斯夫此前宣布湛江一体化基地首批装置将 100% 采用可再生能源电力，装置将分别于 2022 年和 2023 年投产。此次与国家电投的合作是落实基地可再生能源供电计划的又一次重要飞跃。

巴斯夫湛江一体化基地项目于 2018 年 7 月宣布，2019 年 11 月正式启动。建成后，它将成为巴斯夫迄今为止最大的投资项目，总投资额为 80 亿 ~ 100 亿欧元，并由巴斯夫独立建设运营。同时，该基地将是巴斯夫在全球的第三大一体化生产基地，仅次于德国路德维希港和比利时安特卫普基地。整个一体化基地计划于 2030 年建成，首个生产装置已于 2022 年投入运营。

巴斯夫现在的目标是提前至 2025 年，在湛江基地蒸汽裂解装置及生产石化产品、中间体、护理化学品及营养保健品的装置开车时，即使用 100% 可再生能源电力。原先这一目标预计将在 2030 年实现。国家电投为巴斯夫提供的所有专用可再生能源将全部出自广东省，主要来源为海上风电及光伏。

10.3　SKF 全国多省份绿电交易

SKF 是世界滚动轴承的领军企业，业务遍及世界 130 个国家，每年生产五亿多个轴承。斯凯孚承诺，到 2030 年，实现全球生产运营环节的温室气体净零排放，金风科技作为斯凯孚绿色低碳合作伙伴，将通过包括零碳电源（光伏、储能）、数字化智慧系统、电力交易等全场景减碳模式，推进数字化未来工厂零碳转型。

在 2021 年北京国际风能大会暨展览会（CWP），SKF 中国与金风科技达成战略合作共同推进智慧风电及碳中和，而绿电交易合作是其中重要内容。SKF 在中国有大连、上海、宁波等九个厂区。金风科技根据各省份电力市场绿电交易规则为 SKF 制定了"一省一策"的绿电交易方案。针对浙江省内的新昌、常山和宁波工厂，通过参与 2022 年浙江省年度中长期交易绿电交易专场，为 SKF 采购浙江省内绿电近 3000 万度。

与此同时，金风科技为 SKF 搭建的智慧能碳平台，帮助各工厂实现全区域能源统一规划管理、碳减排核算，将交易绿电、自发自用分布式绿电、绿色电力证书等各类环境权益归一化管理，助力构建高效、低碳、可持续绿色运营"零碳园区"。

10.4 湖北首张电碳市场双认证的绿电交易凭证

2022 年 4 月，湖北绿色电力交易签约仪式在武汉举行，交易成交电量 4.62 亿千瓦时，等效二氧化碳减排量 33 万吨。71 家参与交易的电力用户获颁由湖北电力交易中心、湖北碳排放权交易中心共同认证的绿色电力交易凭证，这是全国首批电、碳市场双认证的绿电交易凭证。

2022 年 3 月 12 日，国网湖北电力与宏泰集团在汉签署电一碳市场协同发展合作框架协议，湖北由此开始探索电力交易市场与碳交易市场联动。此次交易也是该合作框架协议签署后的首次实践。双认证绿电交易凭证上盖有两个交易中心的公章，注明了用户信息、交易电量、电量类型、来源电厂、等效二氧化碳减排量等信息，可记录、可追溯、可存证。

该凭证也是外贸出口产品获得"碳关税"减免的重要依据。对外贸企业来说，该凭证更是国际市场的"通行证"，可带来更大的市场竞争优势。此次湖北通过发挥电、碳交易中心在双碳领域的影响力，为绿色电力交易凭证提供权威背书，提升其在国际上的认可度，有助于出口企业产品碳足迹认证，增强产业国际低碳竞争力，标志着电碳协同迈出实质性的关键一步。

10.5 新天钢 8MW 分布式屋顶光伏

2021 年 9 月，天津新天钢冷轧薄板有限公司（以下简称"冷轧薄板公司"）8 兆瓦屋顶分布式光伏发电项目正式并网投运。金风天诚同创为冷轧薄板公司量身定制解决方案，利用企业 10 万余平方米的厂房屋顶安装光伏组件，建设 8 兆瓦光伏发电项目，通过 10kV 并网，采用"自发自用、余电上网"的模式运行。

光伏年均发电量约 800 万千瓦时，为冷轧薄板公司年均节约电费超 80 万元。同时，年均二氧化碳排放减少 7000 余吨，减少购买碳指标费用超 23 万元。该项目运行周期为 25 年，运行周期内，将累计节约电费超 2000 万元，累计减少购买碳指标费用约 580 万元。

光伏 BIPV 技术应用，项目中有 2 万平方米厂房采用光伏 BIPV 防水一体化技术，投运后，冷轧薄板公司在未来的 25 年不用更换屋顶，按目前使用的宝钢双层彩钢进行测算，可节约彩钢屋顶更换及维护费用超 1500 万元。

售电服务，在光伏项目合作的基础上，金风科技还为冷轧薄板公司提供售电服务，2020 年已完成 9100 万度的售电业务，2021 年预计将进一步完成超 20000 万度的售电业务。未来，通过零碳电源和绿电交易等方式，天诚同创将帮助冷轧薄板公司实现碳中和。

运维节费，基于双方战略合作，在光伏施工过程中，天诚同创还为客户提供屋顶维修维护服务，帮助客户节约相关费用约 160 万元。

10.6 数据中心行业绿电采购

阿里巴巴：2019 年张北数据中心使用风电与光伏，共计采购可再生能源 139650 兆瓦时：第一季度 36000 兆瓦时；第二季度 37550 兆瓦时，第三季度 66100 兆瓦时。阿里巴巴 20 周年年会采购了绿证。

腾讯：腾讯清远清新云计算数据中心、仪征东升云计算数据中心分布式光伏项目电站采用"自发自用、余电上网"的并网方式，设计使用年限内年均发电量分别约 12000 兆瓦时。

百度：2019 年，阳泉数据中心与供电公司签订合约，采购 30000 兆瓦时风电。同时阳泉数据中心率先探索数据中心新能源应用模式，采用光伏发电，年发电量约为 120 兆瓦时；亦庄数据中心在楼顶建设光伏电站，年发电量约为 155 兆瓦时。2020 年采购风电 45000 兆瓦时，光伏发电 293 兆瓦时。

秦淮数据：提出到 2030 年实现 100% 可再生能源使用目标。2019 年张北地区数据中心采购可再生能源 95600 兆瓦时：2019 年第一季度 35200 兆瓦时，第二季度 47900 兆瓦时，第三季度 12500 兆瓦时。2020 年在大规模可再生能源采购实现突破，共消纳可再生能源 5.05 亿度。

10.7　苹果风电场股权合作

2016 年 9 月，苹果公司加入了全球性可再生能源 RE100 组织。根据苹果的 2016 环境报告，截至 2016 年 4 月，苹果在 13 个国家已经有 463 家门店 100% 使用可再生能源提供的电力。

为了实现苹果在中国办公室和所有门店实现 100% 绿电的目标，2016 年 12 月，苹果与金风科技共同宣布就风电项目开展合作，并共同推动公司绿色电力的发展。苹果收购金风科技旗下天润新能下属项目公司南阳润唐新能源有限公司（河南省）、淄博润川新能源有限公司（山东省）、朔州市平鲁区斯能风电有限公司（山西省）及巧家天巧风电有限公司（云南省）各30%的股权出售苹果公司，这下属三家公司将变成中外合作经营企业。

苹果与金风此次的风场股权合作的绿色电力，不但用于苹果自身在中国的办公室和门店，也将带动苹果中国供应链合作伙伴的绿色转型。根据苹果公布的信息，这次风电项目投资的285MW清洁能源，是苹果给自己在中国的供应商准备的，包括富士康、蓝思科技、可成科技和苏威。

10.8　2017年北京马拉松100%绿电赛事

2017年华夏幸福北京马拉松于9月17日举行，起点位于天安门广场，终点位于国家奥林匹克公园。为了让这项国际知名赛事完美体现出绿色、健康、文明的生活时尚，向全世界马拉松爱好者展示中国的良好形象，在鉴衡认证（CGC）、金风科技的努力推介下，北京马拉松组委会一致同意通过购买绿色电力证书的方式，把本次赛事办成100%绿色电力消费的活动。

鉴衡认证中心（CGC）根据《绿色电力消费评价标准》（以下简称《标准》）的相关要求，采用了通用的核算原则和方法，制定了组织、活动和产品等不同层面的绿色电力消费的评价要求。依据《标准》通过认证的组织、产品、活动，可以获得绿色电力消费证书并被允许使用认证标识，组织技术人员对赛事活动过程中的全部电力消费，包括现场提供的服务及设施用电进行预评估，并根据预评价结果，向主办方颁发了绿色电力消费符合性证明，以展示消费者的绿色发展实践，提升其社会形象，这相当于为践行绿色发展理念的企业与个人，提供了社会责任履行情况的证明和背书。

第11章

2022 年售电公司参与绿电
交易的挑战与机会

2021 年的售电公司经历了火电价格上浮 20%、全国绿电试点交易、国家发布"3060 政策体系"等一系列的大事件。火电价差日益减少，偏差考核越来越严格，技术型售电公司如何转型是所有售电公司在思考的问题。在这样的背景下，绿电交易作为售电公司新的蓝海市场，为行业带来新的挑战和机遇。

11.1 市场转型的挑战

11.1.1 电力市场日益成熟，售电公司优胜劣汰

从 2015 年电改九号文发布以来，售电公司先后经历三个

阶段，2016～2018 年高价差、2019～2020 年价差收窄考核严峻，和 2021 年电价上涨叠加双控考核，售电价差模式已难以为继。2020 年起，广东、四川等多省市售电公司亏损、退市，优胜劣汰日益明显。未来售电公司的出路就是拼交易技术、拼增值服务、拼售电套餐设计，否则将被行业淘汰。参与绿电交易正逐步成为售电增值服务的重要内容，但对综合实力较弱的售电公司而言则需面对绿电交易政策不了解、不熟悉交易规则、缺乏绿电电源等问题。这是走上绿电交易之路的一道道门槛，难以跨越。

根据国家发改委、能源局于 2019 年 9 月批复的《绿色电力交易试点工作方案》要求，绿电交易的时段划分、曲线形成等衔接现有中长期合同，优先执行和结算，并由市场主体自行承担经济损益。目前零售用户绿电签不带曲线的中长期合同，以月度实际用电量为依据结算，目前规模小问题不大；未来波动性的风、光电比例提升，绿电的售电合同曲线将对售电公司负荷预测、交易曲线拟合和偏差考核风控带来更大的挑战。

11.1.2　可再生能源消纳保障机制考核

2019 年 5 月，国家发改委、能源局发布《建立健全可再生能源电力消纳保障机制的通知》。按政策售电公司作为考核主体，总售电量中必须按各省份相应比例采购可再生能源电量，否则将承担考核和相应惩罚，首次在国家层面明确了售电公司参与绿电交易不是选答题而是必答题。售电公司采购绿电方式包括通过自发自用、电力市场化交易、超额消纳量和绿色电力证书所获得的绿电权益。

2021 年 5 月，国家发改委、国家能源局进一步下发各省级行政区域 2020 年可再生能源电力消纳责任权重和 2022 年预期目标。以江苏省为例，2021 年售电公司需完成可再生能源消纳责任比例为 16.5%。各省市也相应出台实施细则，在 2021 年全国绿电交易试点之前，各省消纳责任考核尺度灵活，主要以省级国网向省内售电公司免费分配消纳量的方式。但随着 2022 年各省份绿电交易的全面开放，考核力度将不断增强，包括对未达标售电公司要求限期整改，未按期完成整改的市场主体依法依规予以处理，将其列入不良信用记录，予以联合惩戒，在绿电交易方面对售电公司的考核压力将进一步提升，如表 11 - 1 所示。

表 11 - 1 2021 年各省（区、市）可再生能源电力消纳责任权重 单位：%

省（自治区、直辖市）	总量消纳责任权重		非水电消纳责任权重	
	最低值	激励值	最低值	激励值
北京	18.0	19.8	17.5	19.3
天津	17.0	18.7	16.0	17.6
河北	16.5	18.2	16.0	17.6
山西	20.0	22.0	19.0	20.9
山东	13.0	14.3	12.5	13.8
内蒙古	20.5	22.6	19.5	21.5
辽宁	15.5	17.1	13.5	14.9

续表

省（自治区、直辖市）	总量消纳责任权重		非水电消纳责任权重	
	最低值	激励值	最低值	激励值
吉林	28.0	30.9	21.0	23.1
黑龙江	22.0	24.2	20.0	22.0
上海	31.5	35.0	4.0	4.4
江苏	16.5	18.2	10.5	11.6
浙江	18.5	20.5	8.5	9.4
安徽	16.0	17.6	14.0	15.4
福建	19.0	21.0	7.5	8.3
江西	26.5	29.3	12.0	13.2
河南	21.5	23.7	18.0	19.8
湖北	37.0	41.0	10.0	11.0
湖南	45.0	49.9	13.5	14.9
重庆	43.5	48.3	4.0	4.4
四川	74.0	82.0	6.0	6.6
陕西	25.0	27.6	15.0	16.5
甘肃	49.5	54.8	18.0	19.8
青海	69.5	77.0	24.5	27.0
宁夏	24.0	26.4	22.0	24.2
新疆	22.0	24.3	12.5	13.8
广东	29.0	32.2	5.0	5.5
广西	43.0	47.7	10.0	11.0
海南	16.0	17.7	8.0	8.8
贵州	35.5	39.4	8.5	9.4
云南	75.0	83.0	15.0	16.5

备注：（1）西藏不考核；

（2）福建省最低总量消纳责任权重中，其中 0.5 个百分点为 2020 年由于来水偏枯客观原因未完成，累计到 2021 年完成。

资料来源：国家发展和改革委员会．关于建立健全可再生能源电力消纳保障机制的通知［R/OL］．（2021－6）．http://www.gov.cn/xinwen/2019－05/16/content_5392082.htm.

11.1.3 各省份绿电交易规则有待统一和完善

2021 年 9 月全国绿电试点交易后，各省份绿电交易也将全面放开。但现实和理想还存在差距，江苏、浙江、冀北等省份在年度交易中开放了绿电交易品种，但北京、上海、天津等绿电采购需求旺盛的省份目前尚未组织新一轮绿电交易。

在开放绿电交易的省份，售电公司也存在不少新问题，一是交易平台不同，江苏省采用现有电力交易中心平台组织，而浙江采用国网"e 交易"APP 组织，交易平台的不同自然导致很多相关交易方式的差异，包括报价方式、偏差考核和结算方式等。对于有多省绿电交易业务的售电公司而言，要熟悉不同省份的不同电力交易系统，这无疑提升了绿电交易的门槛。而对于启动现货市场的山东，由于绿电参与现货难以区分买卖双方和环境权益，让启动现货省份的绿电交易也有新变数。

11.2 售电公司的绿电机遇

11.2.1 全部工商业用户和平价风光项目共同打开绿电新市场

2021 年 10 月，国家发改委发布《关于进一步深化燃煤发电上网电价市场化改革的通知》，新政要求推动工商业用户都进入市场，参与电力市场交易。这为售电公司的绿电交易打开了海量的客户空间。大到几亿度用电量的钢铁厂，小到有独立户号的便利店都可以进入市场。当然海量的客户资源也意味着不同的用电场景、不同的电价承受能力和不同的绿电需求，只有对目标客户有清晰的区分，设计符合需求的售电和绿电套餐，才能将新增的海量客户转化成售电订单和利润。

进入绿电交易这片新天地的，不但有海量售电客户，还有大批平价风光电项目。自 2019 年开始，可再生能源项目进入平价时代即没有补贴的风光项目，可以通过绿电交易或平价绿证获得高于标杆电价的额外环境收入。在 2021 年的全国绿电试点交易中，平价项目率先将有竞争力的绿电通过双边或电网代理的方式卖给售电公司。虽然在初期部分省份存在绿电平价电源供不应求，甚至因为供需关系绿电溢价较高。随着未来越来越多平价项目并网，绿电电源规模和价格的竞争力将进一步凸显。

11.2.2 国内外双碳政策引导工商业绿电需求

"3060" 双碳目标被提出后，2021 年国家的 1 + N 双碳政策体系日益成熟。要达到减碳目标，使用近零排放的绿色电力是企业最高效也是最经济的路径。当然目前国家 "碳—电" 减排政策体系贯通还有待完善，但鼓励企业尤其是高耗能企业应用绿电的政策正在加紧完善。2022 年初国家发改委《促进绿色消费实施方案》首次提出，高耗能企业需要采购最低比例可再生能源电力，此外超过省级可再生能源消纳激励比例外的绿电消纳量不计入能耗双控考核。一系列相关政策的出台，不断清晰绿电的环境价值和经济价值。售电公司应深入理解国家双碳和双控政策体系，并将此应用于绿电销售和客户绿电服务的业务中，让国家的最新政策帮助售电公司获得新的利润增长点。

除了对高耗能企业的考核，大量外资企业和众多中资龙头企业也在 2021 年加快了绿电采购进度。苹果、巴斯夫等欧美企业加入了 RE100、STBi（科学碳目标）等组织，不但其自身按照标准采购绿电，同时将绿电纳入上游供应商考核体系，带动制造体系的绿色转型，为售电公司提供了巨大的绿电客户需求。此外根据上市公司的 ESG 披露要求和国资委的披露要求，国内龙头企业也将逐年提升绿电比例并将其纳入公司经营目标。2022 年 4 月，在中信集团发布的碳中和报告中，已经清晰的绿电和绿证采购写入公司双碳工作，为央企做出了绿色转型典范。

11.2.3　绿电交易将成为售电公司盈利新路径

从 2021 年开始，售电公司价差收益的商业模式难以为继，同质化的单一火电电量产品已经成为红海，如何找到新的蓝海产品，找到新的利润来源，是每个售电公司乃至全行业转型都急需解决的问题，可选路径包括交易技术、综合能源和绿色电力等增值服务。

各省份火电交易经过四五年的充分竞争，交易规模、供需关系和价格空间已经相对透明。东部省份绿电交易从 2021 年 9 月才开始试点交易，市场对绿电交易的了解还处于早期阶段，不是每个售电公司可以提供绿电服务。因此有风光绿电电源积累、具备绿电交易能力的售电公司，可以通过火电外的绿电差异化产品作为售电公司新的竞争优势和利润增长点。

11.3　参与绿电市场的应对策略

11.3.1　苦练内功，储备绿电技术、经验和团队

绿电交易是未来售电公司新一轮发展的重大机遇，但其专业性、复杂性、行业资源积累的要求也是极高的。这是一个涉及政策研究、售电（绿电）套餐设计、数字化研发、低碳咨询、综合能源服务等内容的体系化服务。因此售电公司要想在绿电交易这条新赛道上不被淘汰，就要提前储备绿电交易的团队、积累经验、不断总结技术。

11.3.2　紧跟各级能源主管部门政策变化

回顾售电行业急速发展的五年，不论是绿电交易还是其他

业务都需要快速创新，不断迭代。从国家发改委、国家能源局到各省级电力交易中心，各级能源主管单位每几周就会发布新的政策规则，不断完善电力市场体系，这也是督促售电公司优胜劣汰、寻求发展的新机遇。因此售电公司需要不断创新产品、迭代服务、苦练内功才能在电力市场发展的大浪淘沙中经得起时代的考验。

11.3.3 绿电服务和套餐设计能力

绿电交易对于售电公司的一个重要价值在于用户采购绿电、绿证不只需要绿色电量或者证书本身，还需要数字化平台、政策咨询、ESG 报告、碳中和服务等整套的绿色环境权益服务。这是更高的售电服务门槛，但也会通过服务高端工商业售电用户带来更多的售电利润。以金风科技旗下的金风零碳售电业务为例，在火电售电业务外，依托集团在全国超过 976 万千瓦的资管新能源场站资源，绿电交易规模每年超过 20 亿千瓦时，通过金风智慧能碳平台、光伏储能综合能源服务及碳中和服务，为工商业用户提供一站式"零碳电源"服务，在提升用户绿色度的同时，节省用电成本，探索出一条售电公司绿色转型的新路径。

绿电不易，且行且珍惜。

参 考 文 献

［1］ 国家发展和改革委员会."十四五"现代能源体系规划［R/OL］.（2022 – 3 – 22）. https：//www. ndrc. gov. cn/xxgk/zcfb/ghwb/202203/t20220322_1320016. html?state = 123&code = &state = 123.

［2］ 国家能源局.2021 年全国电力工业统计数据［EB/OL］.（2022 – 1）. http：//www. nea. gov. cn/2022 – 01/26/c_1310441589. htm.

［3］ 中电联统计与数据中心.2021 年 1～12 月电力消费情况［EB/OL］.（2022 – 1）. https：//cec. org. cn/detail/index. html?3 – 305885.

［4］ 中电联规划发展部.2021 年全国电力市场交易简况［EB/OL］.（2022 – 1）. https：//cec. org. cn/detail/index. html?3 – 306005.

［5］ 中国电力报.电价改革/绿电交易/统一电力市场——2021 年电力市场述评及 2022 年展望［EB/OL］.（2022 – 2）. https：//news. bjx. com. cn/html/20220217/1204725. shtml.

［6］ 国家发展和改革委员会.关于进一步深化燃煤上网电价市场化改革的通知［R/OL］.（2021 – 10）. https：//www. ndrc.

gov. cn/xxgk/zcfb/tz/202110/t20211012 _ 1299461. html？code = &
state =123.

［7］中央人民政府．关于完整准确全面贯彻新发展理念
做好碳达峰碳中和工作的意见［R/OL］．(2021 - 9)．http：//
www. gov. cn/zhengce/2021 - 10/24/content_5644613. htm.

［8］国务院．关于印发 2030 年前碳达峰行动方案的通知
［R/OL］．(2021 - 10)．http：//www. gov. cn/xinwen/2021 - 10/
26/content_5645001. htm.

［9］国家发展和改革委员会．关于印发《促进绿色消费
实施方案》的通知［R/OL］．(2022 - 1)．http：//www. gov. cn/
zhengce/zhengceku/2022 -01/21/content_5669785. htm.

［10］郝一涵、路舒童、江漪．企业绿色电力采购机制中国
市场年度报告：2021 年进展、分析与展望［R/OL］．(2022 -3).
www. rmi. org.

［11］国家发展和改革委员会．关于建立健全可再生能源
电力消纳保障机制的通知［R/OL］．(2021 - 6)．http：//www.
gov. cn/xinwen/2019 -05/16/content_5392082. htm.

［12］RE100. RE100 Annual Reports［EB/OL］．(2022 -
2 -16)．https：//www. there100. org/stepping - re100 - gathers -
speed - challenging - markets.

［13］袁敏、苗红、时璟丽、彭澎．美国绿色电力市场综
述［EB/OL］．(2019 - 01)．http：//www. wri. org. cn/publica-
tions.

［14］落基山研究所．美国国家级企业绿色电力认证系统

做法和启示［EB/OL］.（2021－7）. https：//mp. weixin. qq. com/s/M3Wbo6QgWBgc7xNMHPDowg.

［15］吕歆、叶睿琪. 绿色云端2021 中国互联网云服务企业可再生能源表现排行榜［R/OL］.（2021－04）. https：// www. greenpeace. org. cn/.

［16］The Global Sustainable Investment Alliance. *Global Sustainable Investment Review*［EB/OL］.（2022－3）. http：//www. gsi－alliance. org/wp－content/uploads/2021/08/GSIR－20201. pdf.

［17］广东省发展改革委. 关于印发《广东省发展改革委关于我省可再生能源电力消纳保障的实施方案（试行)》的通知［R/OL］.（2022－3）. http：//www. gd. gov. cn/zwgk/gongbao/2021/7/content/post_3367125. html.

［18］Rachael Terada，Orrin Cook，Michael Leschke. 促进企业在中国参与可再生能源活动［R/OL］.（2019－11）. www. resource－solutions. org.

［19］袁敏、苗红、马丽芳等. 企业绿色电力消费指导手册［EB/OL］.（2019－2）. http：//www. wri. org. cn/publications.

［20］叶睿琪、袁媛、魏佳. 中国数字基建的脱碳之路：数据中心与5G减碳潜力与挑战（2020－2035）［EB/OL］.（2021－5）. https：//www. greenpeace. org. cn/.

［21］国家发展和改革委员会. 关于试行可再生能源绿色电力证书核发及自愿认购交易制度的通知［R/OL］.（2020－10）. http：//www. nea. gov. cn/2017－02/06/c_136035626. htm.

［22］鉴衡认证．鉴衡认证成为国内第一个100%使用绿色电力的认证机构［N/OL］．（2022 - 3）．hhttps：//news. bjx. com. cn/html/20170701/834371. shtml.

［23］国家能源局．关于加快推进分散式接入风电项目建设有关要求的通知［R/OL］．中国能源报，2017 - 06 - 06. http：//www. gov. cn/xinwen/2017 - 06/06/content_5200366. htm.

［24］马佳．专访北京电力交易中心总经理史连军："以市场机制创新开启我国绿色电力消费新模式"［N/OL］．（2021 - 9）. http：//www. chinapower. com. cn/xw/sdyd/20210910/101940. html.

［25］国家发展和改革委员会．绿色电力交易试点工作方案［R/OL］．（2021 - 10）. https：//www. ndrc. gov. cn/fggz/fgzy/xmtjd/202109/t20210927_1297840_ext. html.

［26］广州电力交易中心．南方区域绿色电力交易规则（试行）［R/OL］．（2022 - 2）. https：//guangfu. bjx. com. cn/news/20220225/1206515. shtml.

［27］国家发展和改革委员会．关于深化电力现货市场建设试点工作的意见［R/OL］．（2019 - 8）. https：//zfxxgk. ndrc. gov. cn/web/iteminfo. jsp?id = 16253.

［28］彭博新能源财经．2021年中国企业绿电交易十强榜［N/OL］．（2019 - 8）. https：//news. bjx. com. cn/html/20210923/1178201. shtml.

［29］生态环境部．碳排放权交易管理办法［R/OL］．（2020 - 12）. https：//www. mee. gov. cn/gzk/gz/202112/t20211213_963865. shtml.

［30］天津排放权交易所.2021 年 1～12 月 CCER 的成交量［N/OL］.（2022－01）. http：//www. chinatcx. com. cn/.

［31］于南. 重启 CCER 交易迫切性提升 常规可再生能源发电项目难"坐享其成"［N/OL］.（2022－3）. http：//www. zqrb. cn/finance/hongguanjingji/2022－03－06/A1646570206926. html.

［32］国家发展和改革委员会. 暂缓受理温室气体自愿减排交易备案申请的公告［R/OL］. https：//www. ndrc. gov. cn/xxgk/zcfb/gg/201703/t20170317_961176. html? code＝&state＝123.

［33］崔紫阳. 京能"绿电"将照明冬奥［N/OL］.（2021－8）. https：//www. bdcn－media. com/a/9487. html.

［34］彭子扬、肖孟金. 湖北颁发全国首张电碳市场双认证"绿色电力交易凭证"［N/OL］.（2022－4）. http：//hb. people. com. cn/n2/2022/0426/c194063－35242136. html.